普通高等教育机械类教材

机械设计基础

夏冰新　王　娜　商　丽　主　编
王　丹　王　莹　孙　雪　副主编

化学工业出版社
·北京·

内容简介

本书主要介绍机械设计方面的基础知识，以强化基础能力建设，推进科技创新为指引，内容包括常用机构的类型、特点、设计原则与方法等，难度适中，章节体系合理。共包含 10 个项目，分别为平面机构结构方案分析、平面连杆机构方案分析、凸轮机构设计、齿轮传动设计、轮系及其传动比计算、带传动设计、链传动设计、轴承设计、连接设计和轴的设计。

本书是根据高等院校培养目标、教育部制定的机械设计基础课程教学基本要求，立足学生的学情、应用型教学改革的需求，同时参考各相关行业对机械设计基础知识的要求，并结合编者多年教学经验编写的。

本书是高等学校机械专业和近机械专业的机械设计基础课程的教材，授课学时可在 40～64 学时，也可以作为相关技术人员的参考书使用。

图书在版编目（CIP）数据

机械设计基础/夏冰新，王娜，商丽主编．—北京：化学工业出版社，2024.2
ISBN 978-7-122-44423-3

Ⅰ.①机⋯　Ⅱ.①夏⋯②王⋯③商⋯　Ⅲ.①机械设计-高等学校-教材　Ⅳ.①TH122

中国国家版本馆 CIP 数据核字（2023）第 213063 号

责任编辑：金林茹　　　　　　　　　文字编辑：张　宇　袁　宁
责任校对：宋　夏　　　　　　　　　装帧设计：王晓宇

出版发行：化学工业出版社（北京市东城区青年湖南街 13 号　邮政编码 100011）
印　　装：北京科印技术咨询服务有限公司数码印刷分部
710mm×1000mm　1/16　印张 14¼　字数 288 千字　2024 年 2 月北京第 1 版第 1 次印刷

购书咨询：010-64518888　　　　　　售后服务：010-64518899
网　　址：http://www.cip.com.cn
凡购买本书，如有缺损质量问题，本社销售中心负责调换。

定　价：49.00 元　　　　　　　　　　　　　　　　　　　版权所有　违者必究

前言

目前，高等院校正在迅速发展，"应用就业型"院校愈加被重视。机械设计基础是应用型本科专业的主干课程，而其教材作为知识传承的载体，在"应用就业型"教学活动中起着至关重要的作用。本书注重理论联系实际，立足培养学生提出问题、分析问题并解决问题的能力，加强理论与应用技能综合能力的培养。本书编者根据高等院校人才培养目标、教育部制定的机械设计基础课程教学基本要求，根据相关院校学生的学情、应用型教学改革的需求，同时参考各相关行业对机械设计基础知识的要求，并结合多年教学经验编写本书。

本书共包含10个项目，分别为平面机构结构方案分析、平面连杆机构方案分析、凸轮机构设计、齿轮传动设计、轮系及其传动比计算、带传动设计、链传动设计、轴承、连接和轴的设计。以项目形式引入相关知识，每个项目包含学习的目标、任务的引入与实施、相关知识点的介绍，以及最后的思考与练习。全书内容覆盖全面、知识点清楚、逻辑清晰。

本书由沈阳城市建设学院夏冰新、王娜、商丽担任主编，由沈阳城市建设学院王丹、王莹、孙雪担任副主编，沈阳城市建设学院范磊、于联周、邢智慧参与部分章节的编写。全书由沈阳建筑大学孙军主审。在本书的编写过程中，沈阳城市建设学院教师高国伟、张晓林、贾维维、李继平、关天乙、高明明、吴超群、孙晶、赵欣、赵丽，及营口理工学院李传奇等均做了大量的工作。

由于编者水平有限，书中难免存在疏漏之处，敬请各位读者批评指正。

编者

目　录

项目一　平面机构结构方案分析　/　001

学习目标　/　001
任务引入　/　001
相关知识　/　002
一、机构的组成　/　002
二、平面机构运动简图　/　004
（一）平面运动简图的概念　/　004
（二）平面机构的运动简图绘制　/　006
三、平面机构的自由度　/　007
（一）平面机构自由度计算公式　/　007
（二）机构具有确定运动的条件　/　008
（三）计算平面机构自由度时的注意事项　/　009
任务实施　/　012
思考与练习题　/　013

项目二　平面连杆机构方案分析　/　015

学习目标　/　015
任务引入　/　015
相关知识　/　015
一、概述　/　015
二、平面四杆机构的类型及应用　/　016
（一）平面四杆机构的基本类型　/　016
（二）平面四杆机构的演化形式　/　017
三、平面连杆机构的基本特性　/　019
（一）平面四杆机构有转动副和曲柄的条件　/　019
（二）急回特性　/　020
（三）压力角和传动角　/　021
（四）机构死点的位置　/　021

四、平面四杆机构的设计 / 023

任务实施 / 026

思考与练习题 / 027

项目三 凸轮机构设计 / **028**

学习目标 / 028

任务引入 / 028

相关知识 / 028

一、凸轮机构的应用及分类 / 028

(一)凸轮机构的应用 / 028

(二)凸轮机构的分类 / 029

二、凸轮机构从动件的运动规律 / 031

(一)凸轮机构的工作过程 / 031

(二)从动件的运动规律 / 032

(三)从动件运动规律的选择 / 034

三、凸轮轮廓曲线设计 / 034

(一)凸轮轮廓曲线设计的基本原理 / 035

(二)盘形凸轮轮廓曲线设计 / 035

(三)凸轮机构设计时应注意的问题 / 038

任务实施 / 040

思考与练习题 / 041

项目四 齿轮传动设计 / **043**

学习目标 / 043

任务引入 / 043

相关知识 / 044

一、齿轮传动的类型和特点 / 044

(一)齿轮传动的类型 / 044

(二)齿轮传动的应用特点 / 045

二、渐开线齿轮的齿廓曲线与啮合特性 / 046

(一)齿廓啮合基本定律 / 046

（二）渐开线的形成与特性 / 047
（三）渐开线齿廓的啮合特性 / 048
三、渐开线直齿圆柱齿轮的主要参数及尺寸计算 / 049
（一）直齿圆柱齿轮各部分名称及符号 / 049
（二）直齿圆柱齿轮基本参数 / 049
（三）渐开线标准直齿圆柱齿轮几何尺寸的计算 / 051
四、渐开线标准直齿圆柱齿轮的啮合传动 / 051
（一）正确啮合条件 / 051
（二）连续传动的条件 / 052
（三）标准中心距 / 053
五、渐开线齿轮的加工方法及变位传动 / 055
（一）加工方法 / 055
（二）根切与最少齿数 / 058
（三）变位齿轮 / 059
六、斜齿圆柱齿轮机构 / 060
（一）斜齿轮的齿廓曲面与啮合特点 / 060
（二）斜齿圆柱齿轮的基本参数和几何尺寸 / 061
（三）斜齿圆柱齿轮正确啮合的条件 / 063
七、标准直齿锥齿轮机构 / 064
（一）锥齿轮 / 064
（二）直齿锥齿轮的基本参数和几何尺寸 / 064
八、蜗轮蜗杆机构 / 067
（一）蜗杆传动的特点与类型 / 067
（二）普通圆柱蜗杆传动的基本参数和几何尺寸 / 068
九、齿轮失效形式、材料、精度 / 071
（一）齿轮的失效形式 / 071
（二）齿轮材料选择 / 073
（三）齿轮精度 / 076
十、标准直齿圆柱齿轮载荷设计 / 077
（一）标准直齿圆柱齿轮传动受力分析 / 077
（二）标准直齿圆柱齿轮传动载荷计算 / 078

十一、标准直齿圆柱齿轮传动的设计 / 079

（一）齿面接触疲劳强度计算 / 079

（二）齿根弯曲疲劳强度计算 / 081

（三）齿轮材料的许用应力 / 083

（四）齿轮主要参数的选择 / 084

（五）齿轮传动的设计准则 / 084

（六）标准直齿轮传动的设计实例 / 084

十二、标准斜齿圆柱齿轮传动设计 / 086

（一）轮齿的受力分析 / 086

（二）齿面接触疲劳强度 / 087

（三）齿根弯曲疲劳强度 / 088

（四）标准斜齿轮传动的设计示例 / 089

十三、标准直齿锥齿轮传动设计 / 091

（一）轮齿的受力分析 / 091

（二）标准直齿锥齿轮传动的强度 / 092

（三）标准直齿锥齿轮传动的设计示例 / 093

十四、齿轮的结构设计 / 095

十五、齿轮传动的润滑方式 / 097

（一）润滑剂的选择 / 098

（二）润滑方式的选择 / 098

任务实施 / 099

思考与练习题 / 101

项目五　轮系及其传动比计算　/　102

学习目标 / 102

任务引入 / 102

相关知识 / 103

一、齿轮系及其分类 / 103

（一）定轴轮系和周转轮系 / 103

（二）平行轴轮系和非平行轴轮系 / 104

二、轮系传动比计算 / 105

（一）定轴轮系传动比计算 / 105

（二）周转轮系传动比计算 / 107

（三）复合轮系传动比计算 / 109

三、轮系的应用 / 110

任务实施 / 112

思考与练习题 / 113

项目六 带传动设计 / **115**

学习目标 / 115

任务引入 / 115

相关知识 / 115

一、带传动概述 / 115

（一）带传动的组成及工作原理 / 115

（二）带传动的特点 / 115

（三）带传动的类型 / 116

二、V带和带轮 / 117

（一）V带的结构 / 117

（二）V带轮的材料及结构 / 119

三、带的受力分析 / 121

四、带传动的应力分析和运动分析 / 123

（一）带传动的应力分析 / 123

（二）带传动的运动分析 / 124

（三）带传动的主要失效形式 / 125

五、带传动的设计计算 / 125

六、带传动的张紧、注意事项 / 129

任务实施 / 131

思考与练习题 / 132

项目七 链传动设计 / **133**

学习目标 / 133

任务引入 / 133

相关知识 / 133

一、链传动概述 / 133

(一) 链传动组成与特点 / 133

(二) 链传动的分类 / 134

二、滚子链和链轮 / 135

(一) 滚子链及其主要参数 / 135

(二) 滚子链链轮 / 137

三、链传动的运动特性 / 140

(一) 链传动的运动不均匀性 / 140

(二) 链传动的动载荷 / 142

四、滚子链传动的设计 / 142

(一) 中、高速滚子链传动的设计计算 / 142

(二) 低速滚子链传动的设计计算 / 145

五、链传动失效形式、布置方式和张紧 / 145

(一) 链传动的主要失效形式 / 145

(二) 链传动的常见布置形式 / 146

(三) 链传动的张紧 / 147

任务实施 / 147

思考与练习题 / 149

项目八 轴承 / 150

学习目标 / 150

任务引入 / 150

相关知识 / 151

一、滚动轴承 / 151

(一) 概述 / 151

(二) 滚动轴承的类型和选择 / 151

(三) 滚动轴承的受力分析 / 157

(四) 滚动轴承的失效形式和设计准则 / 157

(五) 滚动轴承的寿命计算 / 158

(六) 滚动轴承的组合设计 / 163

（七）滚动轴承的预紧、配合和拆装 / 166

（八）滚动轴承的润滑和密封 / 168

二、滑动轴承 / 170

任务实施 / 170

思考与练习题 / 171

项目九 连接 / 172

学习目标 / 172

任务引入 / 172

相关知识 / 173

一、螺纹连接 / 173

（一）螺纹的种类和主要参数 / 173

（二）螺纹连接的四种基本类型 / 177

（三）螺纹连接件 / 179

（四）螺纹连接的预紧、防松和结构设计 / 181

（五）螺纹连接的强度计算 / 184

（六）螺纹连接的材料和许用应力 / 189

二、键连接 / 190

（一）键连接的类型和工作原理 / 190

（二）键的选择和强度校核 / 194

（三）花键连接 / 195

三、其他连接类型 / 196

任务实施 / 198

思考与练习题 / 199

项目十 轴的设计 / 201

学习目标 / 201

任务引入 / 201

相关知识 / 202

一、轴的功用、分类和设计要求 / 202

（一）轴的功用、分类 / 202

（二）轴的失效形式与计算准则 / 203

二、轴的材料 / 204

三、轴径的估算方法 / 205

四、轴的结构设计 / 206

（一）制造安装要求 / 206

（二）轴上零件的定位和固定 / 207

（三）提高轴的强度的措施 / 208

（四）轴的各段直径和长度的确定 / 210

五、轴的工作能力计算 / 210

任务实施 / 212

思考与练习题 / 215

参考文献 / 216

项目一 平面机构结构方案分析

学习目标

1. 了解机构的组成。
2. 掌握运动副的概念及运动副的种类。
3. 掌握机构运动简图的绘制方法。
4. 掌握平面机构自由度的计算方法。

任务引入

图 1-1 所示为牛头刨床,其刨头的运动是由平面机构驱动实现的,试分析其机构的组成,绘制其机构运动简图,并判断能否实现预期的运动。

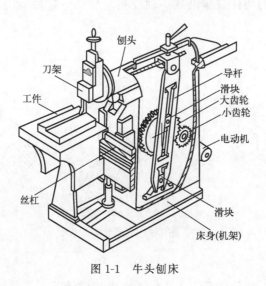

图 1-1 牛头刨床

相关知识

一、机构的组成

虽然各种机构的结构、形式各不相同，但通过观察分析，可以看出机构由具有相对运动的构件组成，构件之间通过一定方式连接起来，所以，机构是由构件和运动副两个元素组成的。

下面着重介绍运动副及其分类。

1. 运动副

当构件组成机构时，需要以一定方式把各个构件彼此连接起来，而被连接的构件之间仍能相对运动，且不是刚性连接，这种使两构件直接接触并能产生相对运动的连接，称为运动副。机构中，各个构件之间的运动和力都是通过运动副来传递的。

2. 运动副分类

根据各构件之间的相对运动是平面运动还是空间运动，可将运动副分成平面运动副和空间运动副。所有构件都只能在相互平行的平面上运动的机构称为平面机构，平面机构的运动副称为平面运动副；两构件之间的相对运动为空间运动的称为空间运动副。

按两构件间的接触特性，平面运动副又可分为低副和高副。通过面接触所组成的运动副称为低副。根据构件之间运动形式的不同，低副又可以分为移动副和转动副两大类。

(1) 移动副

组成运动副的两构件只能沿某一轴线相对移动，这种运动副称为移动副，如图 1-2(a) 所示。

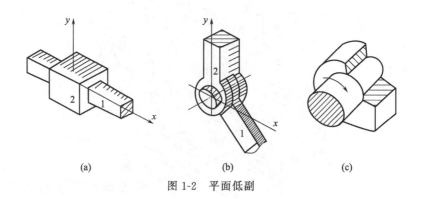

图 1-2 平面低副

(2) 转动副

若组成运动副的两构件只能在某一平面内相对转动，这种运动副称为转动副，或者称为铰链，如图 1-2(b)、(c) 所示。

通过点或者线接触的运动副称为高副，如图 1-3(a) 所示的凸轮副和图 1-3(b) 所示的齿轮副。

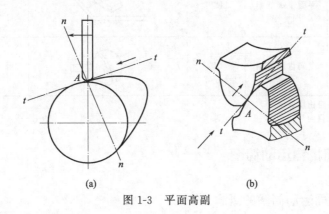

图 1-3 平面高副

常见运动副的类型及其代表符号如表 1-1 所示。

▫ 表 1-1 运动副的类型及其代表符号

名称	符号	类型	自由度	图形	基本符号
转动副	R	平面Ⅴ级低副	1R①		
移动副	P	平面Ⅴ级低副	1T②		
螺旋副	H	平面Ⅴ级低副	1R 或 1T		
球销副	U	空间Ⅳ级低副	2R		
圆柱副	C	空间Ⅳ级低副	1R1T		

项目一　平面机构结构方案分析

续表

名称	符号	类型	自由度	图形	基本符号
平面副	E	平面Ⅲ级低副	1R2T		
球副	S	空间Ⅲ级低副	3R		

① R代表转动自由度。
② T代表移动自由度。

二、平面机构运动简图

（一）平面运动简图的概念

不考虑构件和运动副的实际结构，只考虑与运动有关的构件尺寸、运动副的种类及数目，用规定的线条和符号，按一定的比例尺所绘制出来的表示机构运动关系的简化图形，称为机构运动简图。机构运动简图能反映机构中各构件间真实的相对运动关系，因此，借助它可以用图解法来分析各构件的运动。

有时，只是为了表明机构的运动状态，或各构件的相互关系，也可以不按比例尺来绘制运动简图，通常把这种简图称为机构示意图。

1. 构件的表示方法

由机构运动简图的概念可知，机构中构件及各运动副可以用简单的线条和常用的符号来表示。例如，图1-4(a)、(b)所示的不同形式的连杆各具有两个转动副，虽然它们的横截面尺寸与形状各不相同，但都可以用图1-4(c)所示的简单线条和符号表示。

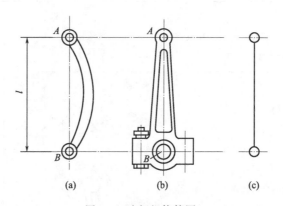

图1-4　连杆机构简图

对于某些构件有专门的表达方法，常见的机构运动简图符号如表 1-2 所示。

▫ 表 1-2　常见机构运动简图符号

名称	基本符号	名称	基本符号
圆柱齿轮传动	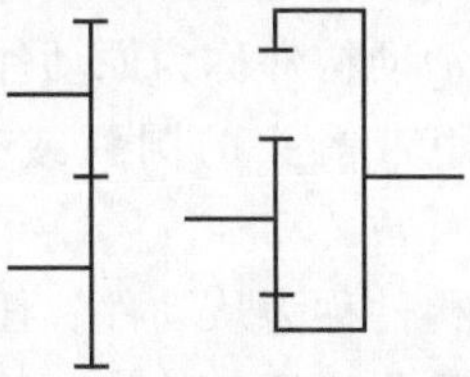	弹性联轴器	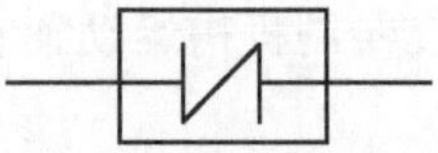
锥齿轮传动	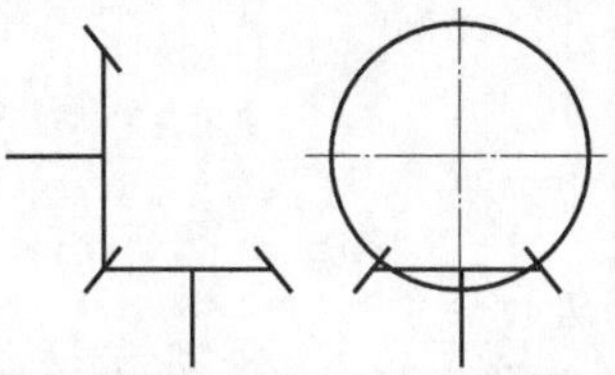	制动器	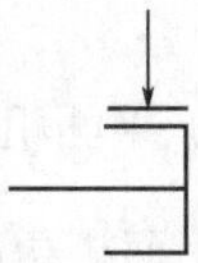
蜗轮蜗杆传动	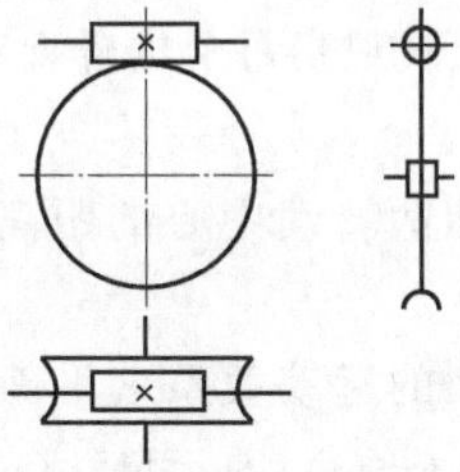	普通向心轴承	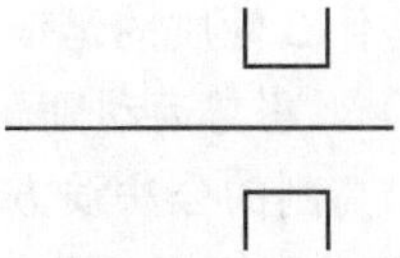
带传动	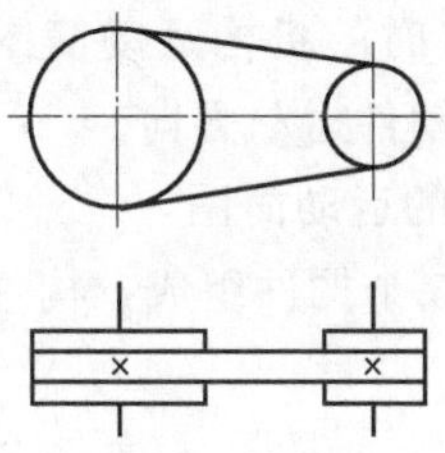	单向向心推力普通轴承	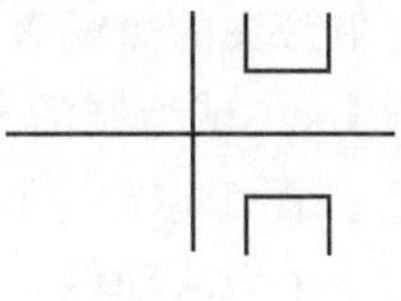
链传动	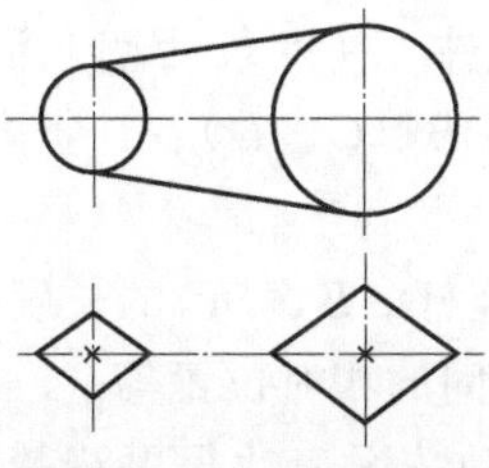	电动机	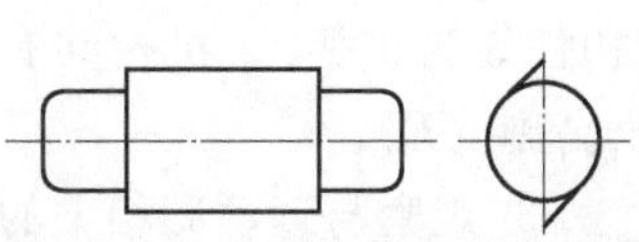
联轴器	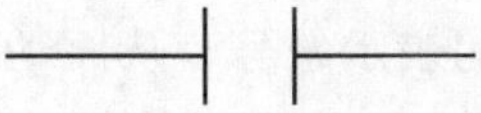	盘形凸轮	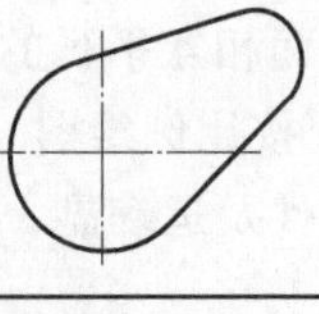

项目一　平面机构结构方案分析

2. 构件的分类

一般来说，机构中的构件可分为如下 3 类。

机架：机构中相对固定不动的构件称为机架，它用来支承机构中其他活动的构件。在绘制机构运动简图时，在构件边缘用斜线来标记机架。

原动件：机构中接受外界给定运动规律的活动构件称为原动件，一般与机架相连。在绘制机构运动简图时，原动件上必须用带箭头的圆弧或直线标注其运动形式。

从动件：机构中随原动件运动的其他活动构件称为从动件。任何机构中，必有一个构件是作为机架的，另有一个或几个构件是作为原动件的，其余的构件都是从动件。

（二）平面机构的运动简图绘制

绘制平面机构的运动简图可按下述步骤进行。

① 分析机构的运动过程，观察有多少个构件是运动的，找出机架和原动件。

② 从原动件开始，沿着运动传递的路线依次观察每个构件上有多少个运动副，分别是什么性质的运动副。

③ 观察与运动副相关的尺寸几何因素，如两转动中心的距离、移动副导路的方向、高副的公法线方向等。

④ 选择视图，使其能够清楚地表达构件间的运动关系（平面机构常选运动平面作为投影面）。先选定比例尺：μ_l＝实际尺寸(mm)/图示尺寸(mm)

⑤ 用规定的符号绘出原动件处于某一位置时的机构运动简图。图中原动件的运动用带箭头的短线表示，箭头所指方向为原动件运动方向。

例 1-1　试绘制活塞泵机构［图 1-5(a)］的运动简图。

① 如图 1-5(a)所示的活塞泵机构，是由 5 个构件组成，构件 1 为原动件，构件 2、3、4 为从动件，构件 5 为机架。

② 图中构件 1 沿着顺时针的方向绕转动副 A 转动，构件 2（连杆）做平面运动，构件 3（齿扇）绕转动副 D 回转，构件 4（齿条活塞）沿移动副 F 移动（构件 5 为机架）。机构共有 4 个回转副（A、B、C、D）、1 个移动副（F）和 1 个高副（E）。

③ 观察与运动副相关的尺寸几何因素：连杆 AB、BC 的长度，转动副 C 和转动副 A 间的相对位置，转动副 A 和转动副 D 间的相对位置等。

④ 选择视图平面。为使机构的组成和运动情况表达得更清楚，应选择与构件运动平面相互平行的平面作为机构的视图平面。选择适当的比例尺。

⑤ 按比例绘图。用规定的构件和运动副的表示符号，从原动件开始依次绘出每个构件及运动副，最后得到机构的运动简图。活塞泵机构运动简图如图 1-5(b)所示。

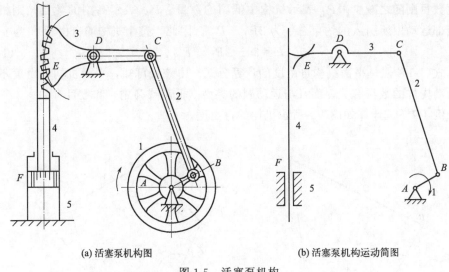

(a) 活塞泵机构图　　　　　　　　(b) 活塞泵机构运动简图

图 1-5　活塞泵机构

三、平面机构的自由度

（一）平面机构自由度计算公式

由理论力学可知，一个做空间运动而不受任何约束的构件（刚体），在空间中自由运动时有六个自由度，分别为沿着直角坐标系内三个坐标轴的移动和绕三个坐标轴的转动。一个做平面运动而不受任何约束的构件，具有三个自由度，如图 1-6 所示，构件 1 在与构件 2 未构成运动副时，具有沿轴 x 及 y 的移动和绕与运动平面垂直的轴线转动三个独立运动，即具有三个自由度。

当两个构件构成运动副时，构件的某些独立运动受到限制，这种限制称为约束，即运动副对构件的独立运动所加的限制。运动副每引入一个约束，构件就失去一个自由度。当两构件构成平面转动副时，两构件间便只具有一个独立的相对转动；当两构件组成平面移动副时，该两构件间便只具有沿着某一方向的相对移动。因此，平面低副引入两个约束，平面高副引入一个约束，使两构件只剩下相对滚动和相对滑动两个自由度。

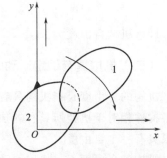

图 1-6　平面运动构件的自由度

如果一个平面机构有 n 个活动构件（机架除外），在未用运动副连接之前，这些活动构件的自由度数为 $3n$。当用运动副将构件连接起来组成机构后，机构中各构件具有的自由度数目则随之减少。P_L 表示机构中低副的数目，P_H 表示高副的数目，则机构中全部运动副所引入的约束总数为 $2P_L+P_H$。因此，整个机构的自由度 F 为

$$F=3n-2P_L-P_H \tag{1-1}$$

式(1-1)便是平面机构自由度的计算公式。由该式可知，平面机构自由度不但与活动构件的数目有关，而且与运动副的类型（低副或高副）和数目有关。

例 1-2 试计算如图 1-7 所示机构的自由度。

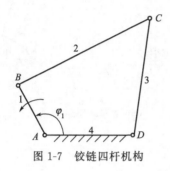

图 1-7 铰链四杆机构

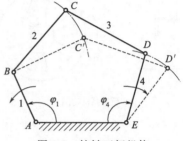

图 1-8 铰链五杆机构

解：在图 1-7 所示的机构中，具有 3 个活动构件，1 个机架，即 $n=3$，A、B、C、D 处各组成 1 个转动副，机构中没有移动副，也没有高副，所以可得，$P_L=4$，$P_H=0$。由式(1-1)可得自由度 F 为

$$F=3n-2P_L-P_H=3\times 3-2\times 4-0=1$$

即该机构自由度为 1。

例 1-3 试计算如图 1-8 所示机构的自由度。

解：在图 1-8 所示的机构中，具有 4 个活动构件，1 个机架，即 $n=4$，A、B、C、D、E 处各组成 1 个转动副，机构中没有移动副，也没有高副，所以可得，$P_L=5$，$P_H=0$。由式(1-1)可得自由度 F 为

$$F=3n-2P_L-P_H=3\times 4-2\times 5-0=2$$

即该机构自由度为 2。

（二）机构具有确定运动的条件

机构的自由度是指机构具有确定运动时所必须给定的独立运动的数目，即机构中各构件相对于机架所具有的独立运动的数目。一般原动件都是和机架相连，原动件只具有一个自由度。

机构的自由度 F、机构原动件的数目与机构的运动有密切的关系：

① 若机构的自由度 $F=0$，机构不能动，变为桁架。

② 若自由度 $F>0$，且等于原动件的数目，机构各构件之间的相对运动是确定的，即机构具有确定运动的条件为机构自由度的数目大于 0，且等于原动件的数目。

③ 若自由度 $F>0$，且大于原动件的数目，则机构中各构件之间的相对运动不确定。

④ 若自由度 $F>0$，且小于原动件的数目，则机构中各构件之间不能相对运动或者机构被破坏。

（三）计算平面机构自由度时的注意事项

计算平面机构自由度时，一些注意事项必须正确处理，否则会得到不正确的计算结果，注意事项有以下几点。

1. 复合铰链

两个以上的构件在同一转动副处相连接，则称该连接为复合铰链。如图 1-9 所示，三个构件组成的复合铰链，在图中不难看出，它实际具有两个转动副。由 m 个构件组成的复合铰链，具有 $(m-1)$ 个转动副。在计算机构自由度时，应注意是否存在复合铰链。

例 1-4 试计算图 1-10 所示的机构的自由度，并判断该机构是否具有确定运动。

解： 在图 1-10 所示的机构中，具有 7 个活动构件，1 个机架，即 $n=7$，A 和 E 处各组成 1 个转动副，B、C、D、F 处均为 3 个构件组成的复合铰链，机构中没有移动副，也没有高副，可得，$P_L=10$，$P_H=0$。自由度 F 为：

$$F=3n-2P_L-P_H=3\times7-2\times10-0=1$$

由于机构自由度的数目等于原动件数目，该机构具有确定运动。

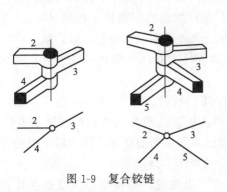

图 1-9 复合铰链

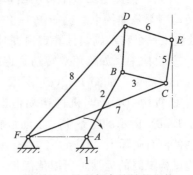

图 1-10 具有复合铰链的机构

2. 虚约束

在机构中，某些运动副所产生的约束对机构的运动没有实际的约束作用，这类约束称为虚约束，在计算机构自由度时应予去除。

在图 1-11(b) 所示的机构中，构件 AB、EF 和 CD 均平行且相等，若不除去虚约束，则该机构自由度 $F=3n-2P_L-P_H=3\times 4-2\times 6-0=0$。按照计算的结果，图示机构是不能运动的，但实际上该机构能够产生运动，计算结果与实际情况不符，这是因为在图 1-11(a) 所示的机构加入了一个构件 5，同时引入了 3 个自由度，增加了 2 个转动副（产生 4 个约束），则由此多引入一个约束，并且此约束对机构的运动起着重复的限制作用，为虚约束。由此可以看出，在计算机构自由度时，应将产生虚约束的构件和运动副去掉，然后再进行计算，则有 $F=3n-2P_L-P_H=3\times 3-2\times 4-0=1$。

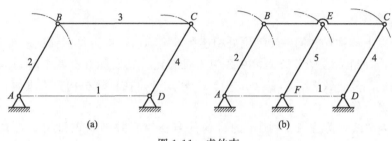

图 1-11 虚约束

一般常见的虚约束有以下几种情况。

① 当两个构件组成多个移动副，且其导路互相平行或重合时，则只有一个移动副起约束作用，其余都是虚约束。如图 1-12(a) 所示，移动副 D、D' 的导路相重合，计算自由度时，应仅考虑一个移动副，余者为虚约束。

② 当两构件组成多个转动副，且轴线重合时，则只有一个转动副起作用，其余转动副都是虚约束。例如图 1-12(b) 所示四缸发动机的曲轴 1 和轴承在 2、2′ 和 2″ 处组成三个转动副，计算自由度时，仅计一个转动副，其余都是虚约束。

③ 机构中，如果用双转动副连接的是两构件上某两个距离不变的点，将会引入一个虚约束，如图 1-12(c) 所示。

④ 机构中不影响机构运动传递的重复部分所代入的约束为虚约束。例如在图 1-12(d) 所示的轮系中，主动齿轮 1 和内齿轮 3 之间有三个完全相同的齿轮 2、2′ 和 2″，而实际上，仅采用其中一个齿轮就能实现运动的传递，其他两个齿轮并不影响机构最终的运动，所以他们带入的两个约束均为虚约束。

机构中的虚约束都是在特定的几何条件下出现的，如果不能满足这些几何条件，虚约束会转变为实际有效的约束。

例 1-5 试计算如图 1-13 所示机构的自由度。

解：在图 1-13 所示的机构中，I、F 处为虚约束，C、H 处为局部自由度，D 处为复合铰链；机构中具有 6 个活动构件，7 个低副（均为转动副），3 个高副（2 个凸轮副，1 个齿轮副），机构的自由度 F 为 $F=3n-2P_L-P_H=3\times 6-2\times 7-3=1$。

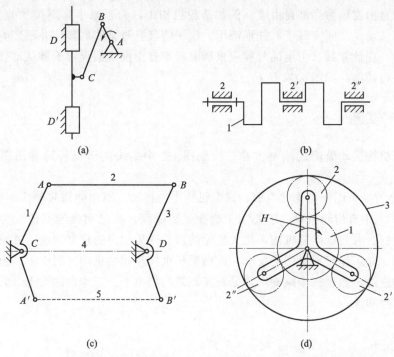

图 1-12 虚约束

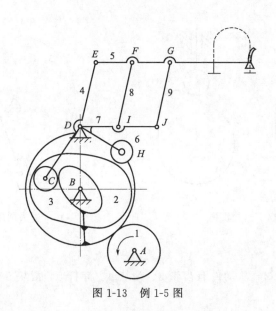

图 1-13 例 1-5 图

3. 局部自由度

在某些机构中，某些构件所产生的局部运动并不影响其他构件的运动，这种局部运动的自由度称为局部自由度。例如凸轮机构中，为了减小高副接触处的磨损，在凸轮和从动件之间安装了圆柱形滚子。滚子绕其自身轴线的转动并不影响其他构件的运动。在计算其自由度的时候应该排除局部自由度，假设滚子和从动件为一个整体，进行计算，如图 1-14 所示。

任务实施

根据机构运动简图的绘制方法，绘制图 1-1 中牛头刨床机构运动简图的过程如下：

① 分析牛头刨床机构的组成，确定机构中的机架、原动件和从动件。

图 1-15 中有齿轮机构，主要用于改变运动速度，将电动机的高速变为工作时所需的转速；有曲柄导杆机构，将大齿轮的转动变为刨刀的往复运动，并满足工作行程等速、非工作行程急回的要求；曲柄摇杆机构和棘轮机构（图中未画出）保证工作台的进给，通过三个螺旋机构分别完成刀具的上下、工作台的上下及刀具行程的位置调整功能。

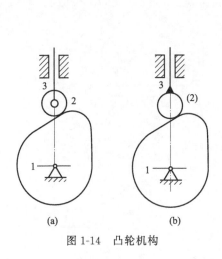

图 1-14　凸轮机构

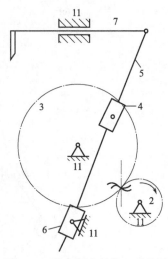

图 1-15　牛头刨床机构运动简图

原动件为齿轮 2，从动件有齿轮 3、滑块 4、导杆 5、滑块 6 和刨头 7。机架 11 为床身。

② 确定各构件间运动副的类型和数量。

由小齿轮开始，根据运动传递的顺序进行分析。

齿轮 2 与机架 11 构成 1 个转动副，齿轮 2 与齿轮 3 构成 1 个齿轮副，齿轮 3 与滑块 4 构成 1 个转动副，滑块 4 与导杆 5 构成 1 个移动副，滑块 6 与导杆 5 构成

1个移动副，滑块 6 与机架 11 构成 1 个转动副，导杆 5 与刨头 7 构成 1 个转动副，刨头 7 与机架 11 构成 1 个移动副。

③ 观察必要的运动副之间的尺寸关系。要确定的有齿轮 2 和齿轮 3 的半径，齿轮 2、齿轮 3 和滑块 6 与机架形成的三个转动副之间的相对位置关系，刨头 7 移动的导线和齿轮 2 转动中心的位置关系。

④ 选择合适的视图和比例尺进行绘制，如图 1-15 所示。

⑤ 齿轮 2 上箭头所示方向为原动件运动方向。

⑥ 计算机构自由度。

由图 1-15 所示牛头刨床机构运动简图知，可动构件数 $n=6$，$P_L=8$，$P_H=1$，故该机构的自由度为

$$F=3n-2P_L-P_H=3\times6-2\times8-1\times1=1$$

机构自由度数为 1，机构有 1 个原动件，即机构的自由度数大于零，且等于机构的原动件数，故该机构能实现确定运动。

思考与练习题

1. 什么是构件？什么是零件？它们之间有什么区别与联系？
2. 什么是运动副？运动副是如何进行分类的？
3. 什么是机构运动简图？
4. 试绘制题图 1-1 所示机构的运动简图。

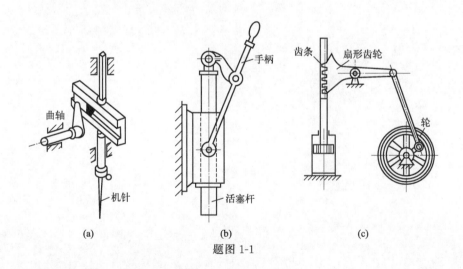

题图 1-1

5. 机构具有确定运动的条件是什么？当机构原动件数少于机构自由度数时机构将如何运动？
6. 计算机构自由度时的注意事项有哪些？
7. 试计算题图 1-2 中机构的自由度，并指出是否存在复合铰链、虚约束和局部自由度，判断机构是否具有确定运动。

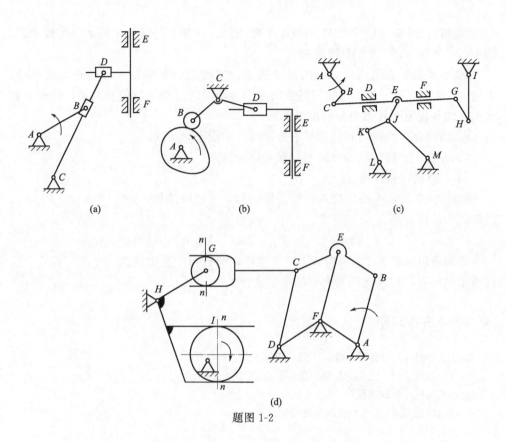

题图 1-2

项目二
平面连杆机构方案分析

学习目标

1. 掌握平面四杆机构的基本类型。
2. 熟悉平面四杆机构演化形式及其特性。
3. 掌握平面四杆机构具有曲柄的条件,并能判别平面四杆机构的基本形式。
4. 掌握平面四杆机构的设计方法。

任务引入

已知图 2-1 所示内燃机曲柄滑块机构的行程速比系数 $K=1.4$、行程 $H=200mm$、偏距 $e=50mm$,如何设计该曲柄滑块机构?

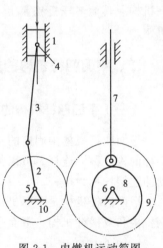

图 2-1　内燃机运动简图

相关知识

一、概述

平面连杆机构是由若干个刚性构件用低副连接而成的。平面连杆机构广泛应用于各种机械和仪表中,例如雷达俯仰角调节器［图 2-2(a)］和起重机［图 2-2(b)］等。

平面连杆机构具有以下优点:
① 构件间是面接触,运动副元素承受的压力小,所以可以承受较大的载荷。
② 低副的两元素间便于润滑,不易产生大的磨损。
③ 几何形状比较简单,方便加工制造。

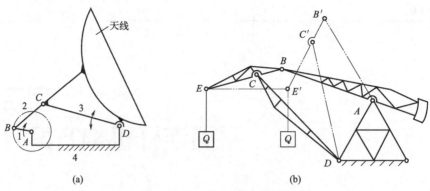

图 2-2 平面连杆机构的应用

④ 当原动件以相同的运动规律运动时，如果改变各杆件的相对长度关系，也可使从动件得到不同的运动规律。

平面连杆机构本身也有一些缺点，从而使其适用范围受到一些限制。比如为了满足功能要求，机构的结构复杂，而运动副磨损后的间隙不能自动补偿，容易积累运动误差，影响传动精度；机构的设计方法也较为复杂，不易精确地实现复杂的运动规律；运动中的惯性力难以平衡，不适合高速运动。

最常见的平面连杆机构是由四个构件组成的，称为平面四杆机构，又称铰链四杆机构。其他多杆机构都是由它演化或扩充而成的。下面我们来介绍平面四杆机构。

二、平面四杆机构的类型及应用

（一）平面四杆机构的基本类型

平面四杆机构中固定的构件称为机架，与机架相连的构件称为连架杆，连接连架杆的构件称为连杆。可以整周回转的连架杆称为曲柄，只能在一定角度范围内运动的连架杆称为摇杆。

平面四杆机构是平面机构的基本形式，其基本类型主要有曲柄摇杆机构、双曲柄机构和双摇杆机构。下面介绍这些机构及应用。

1. 曲柄摇杆机构

在平面四杆机构中，若两个连架杆中有一个为曲柄，而另一个为摇杆，则此机构为曲柄摇杆机构［图 2-3(a)］。在曲柄摇杆机构中，若以曲柄为原动件，可将曲柄的连续转动转变为摇杆的往复摆动；若以摇杆为原动件，可将摇杆的摆动转变为曲柄的整周转动。

2. 双曲柄机构

在平面四杆机构中，两个连架杆分别相对机架做回转运动，则此机构称作双曲柄机构［图2-3(b)］。在此机构中，当原动件AB做匀速转动时，从动件CD则做变速运动。

3. 双摇杆机构

在平面四杆机构中，两连架杆都是摇杆时，此机构称为双摇杆机构［图2-3(c)］。鹤式起重机的主体机构应用的就是双摇杆机构［图2-2(b)］

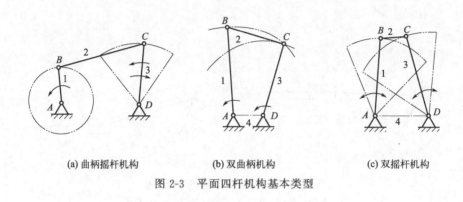

(a) 曲柄摇杆机构　　(b) 双曲柄机构　　(c) 双摇杆机构

图 2-3　平面四杆机构基本类型

（二）平面四杆机构的演化形式

除上述三种形式的平面四杆机构之外，采用更多的是不同外形、构造和特性的连杆机构。而这些类型的连杆机构可以看作是以上三种基本类型的演化形式。下面介绍几种演化方法和演化后的结构。

1. 改变构件的形状和运动尺寸

如图2-4(a)所示，曲柄摇杆机构运动时，铰链C将沿着圆弧$\overset{\frown}{C_1C_2}$往复运动，如2-4(b)所示摇杆3演变成滑块，使它也沿着圆弧$\overset{\frown}{C_1C_2}$往复运动，滑块的运动性质并未发生改变，但铰链四杆机构已经演化成轨道为曲线的曲柄滑块机构。

若将曲柄摇杆中摇杆3的长度增至无穷大，曲线导轨将变成直线导轨，机构便演化成曲柄滑块机构。当导路方向不通过曲柄回转中心A时，其偏移距离e称为偏距，该机构成为偏置曲柄滑块机构，如图2-4(c)所示；当$e=0$时，该机构称为对心曲柄滑块机构，如图2-4(d)所示，常应用在压力机、内燃机中。

2. 改变运动副尺寸

在图2-5(a)所示的曲柄滑块机构中，当曲柄AB的尺寸较小时，可将曲柄改为偏心轮，使其回转中心到几何中心的距离等于曲柄AB的长度，这种机构称为偏心轮机构［图2-5(b)］，偏心轮机构的运动特性与曲柄滑块机构完全相同。这种机构可以看成将转动副B的半径扩大并超过曲柄长度演化而成。偏心轮机构在锻压设备和柱塞泵等中应用较广。

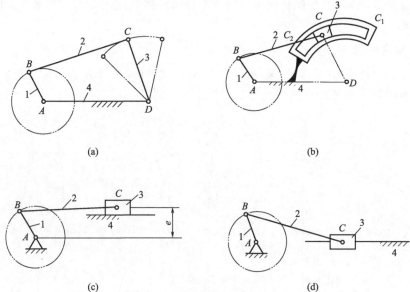

图 2-4 改变构件的形状和运动尺寸
1—曲柄；2—连架杆；3—摇杆（滑块）；4—机架

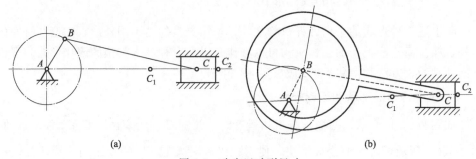

图 2-5 改变运动副尺寸

3. 选不同的构件作为机架

在平面四杆机构中，当选取不同的杆件作为机架时，可分别得到曲柄摇杆机构、双曲柄机构和双摇杆机构。所以一个运动链选取不同的构件作为机架时会得到不同形式的机构，这种不改变运动链的尺寸和相对运动关系，只是选取不同构件作为机架而得到不同机构的演化方法称为机构的倒置。

在图 2-6(a) 所示的曲柄滑块中，若改选 AB

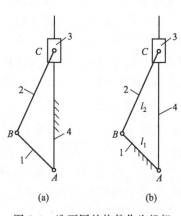

图 2-6 选不同的构件作为机架

为机架,如图 2-6(b) 所示,则构件 4 绕着 A 点转动,滑块 3 沿着构件 4 相对移动,此机构称为导杆机构。插床插刀机构就是转动导杆机构。

三、平面连杆机构的基本特性

(一)平面四杆机构有转动副和曲柄的条件

平面四杆机构中,各杆的相对长度决定了机构中是否有转动副。下面通过曲柄摇杆机构来分析平面四杆机构具有转动副的条件。

分析图 2-7 中所示的曲柄摇杆机构,杆 1 是曲柄,杆 2 是连杆,杆 3 是摇杆,杆 4 是机架,A 为周转副,杆 AB、BC、CD、DA 的长度分别为 a、b、c、d。若 $a<d$,AB 杆为曲柄,能整周转动,所以 AB 必须能顺利通过与机架 4 处于一条直线上的两个位置 AB_1 和 AB_2。

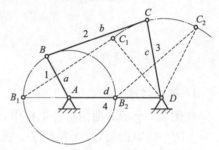

图 2-7 铰链四杆机构具有曲柄的条件

由图可见,当点 B 转至 B_1 时,$\triangle BCD$ 中各构件长度关系应满足:

$$a+d<b+c \tag{2-1}$$

当点 B 转至 B_2 时,$\triangle BCD$ 中各构件的长度关系应满足:

$$b<(d-a)+c, a+b<d+c \tag{2-2}$$

$$c<(d-a)+b, a+c<d+b \tag{2-3}$$

将式(2-1)~式(2-3)分别两两相加,则得:

$$a<b, a<c, a<d \tag{2-4}$$

由以上分析可知,AB 杆若为曲柄,则 AB 杆必须是最短杆,并且最短杆与最长杆长度之和小于等于其余两杆长度之和。由此可推出,平面连杆机构存在曲柄的条件如下:

① 最短杆与最长杆长度之和小于等于其余两杆长度之和。
② 最短杆或最短杆的邻边作为机架。

显然,在平面四杆机构中,取不同的构件作为机架,可以得到该机构的不同类型,下面进行讨论。

① 在满足构件长度和条件时:

当取最短杆件($l_{\min}$)为连架杆,与最短杆件($l_{\min}$)相邻的杆件作为机架时,得到曲柄摇杆机构,如图 2-8(a) 所示,此时最短杆件 AB 为曲柄,另一连架杆 CD 为摇杆。当取最短杆件($l_{\min}$)为机架时,则得到双曲柄机构,如图 2-8(b) 所示,此时两连架杆 BC 和 AD 均为曲柄。当取最短杆件($l_{\min}$)为连杆,最短杆件($l_{\min}$)的对边杆件作为机架时,则得到双摇杆机构,如图 2-8(c) 所示,此时,两连架杆 BC 和 AD 都只能在一定角度范围内做往复摆动。

② 若不满足构件长度和条件，则无论取哪个杆件作为机架，均无曲柄存在，该铰链四杆机构必定是双摇杆机构。

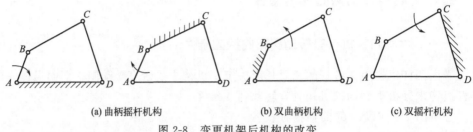

(a) 曲柄摇杆机构　　　　(b) 双曲柄机构　　　　(c) 双摇杆机构

图 2-8　变更机架后机构的改变

（二）急回特性

1. 极位夹角

在图 2-9 所示的曲柄摇杆机构中，当 AB 杆顺时针旋转一周时，摇杆最大摆角 φ 对应两个极限位置 C_1D 和 C_2D，此时曲柄 AB 和连杆 BC 处于两共线位置，通常把曲柄（AB_1、AB_2）在这两个位置所形成的锐角 θ 称为极位夹角。

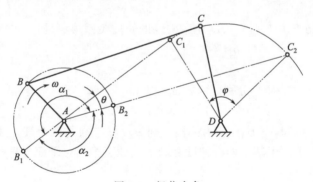

图 2-9　极位夹角

2. 急回运动

如图 2-9 所示，当曲柄 AB 从 AB_1 位置以等角速度 ω 顺时针转过 $\alpha_1 = 180° + \theta$ 时，摇杆 CD 将由位置 C_1D 摆到 C_2D，其摆角为 φ，设所用时间为 t_1，C 点的平均速度为 v_1；当曲柄 AB 继续转过 $\alpha_2 = 180° - \theta$ 时，摇杆又从位置 CD_2 回到 CD_1，摆角仍然是 φ，设所用时间为 t_2，C 点的平均速度为 v_2。由于曲柄为等角速度转动，而 $\alpha_1 > \alpha_2$，所以有 $t_1 > t_2$，$v_2 > v_1$。摇杆这种性质的运动称为急回运动。

3. 行程速比系数

为了表明急回运动的急回程度，可用行程速比系数 K 来衡量：

$$K=\frac{v_2}{v_1}=\frac{\overset{\frown}{C_1C_2}/t_2}{\overset{\frown}{C_1C_2}/t_1}=\frac{t_1}{t_2}=\frac{180°+\theta}{180°-\theta} \tag{2-5}$$

式(2-5)表明，当机构存在极位夹角 θ 时，机构便具有急回运动特性，θ 角越大，K 值越大，机构的急回特性越显著。当 $\theta=0$（或 $K=1$）时，机构没有急回特性，此时摇杆往复摆动的角速度相等。

（三）压力角和传动角

在图 2-10 所示的曲柄摇杆机构中，原动件曲柄 AB 的驱动力通过连杆 BC 传递到摇杆 CD 上，在不考虑运动副摩擦力和构件的惯性力及重力时，连杆 BC 为二力杆，因此从动件 CD 所受的力 F 沿着 BC 杆的轴线方向，它与 C 点的运动速度 v_c 所夹的锐角 α 称为压力角。

由图 2-10 可知，力 F 沿着速度 v_c 方向的分力 $F\cos\alpha$ 是推动摇杆摆动的有效分力 F_t，沿着杆 CD 方向的分力 $F\sin\alpha$ 是阻止摇杆摆动的有害分力 F_n。所以，α 越小有效分力越大，有害分力越小，机构的传力性能越好。

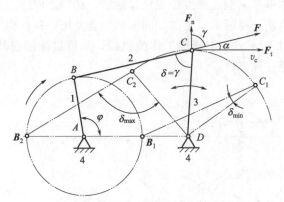

图 2-10 压力角和传动角

压力角的余角称为传动角，用 γ 表示，$\gamma=90°-\alpha$。显然 γ 越大，α 越小，则有效分力 F_t 越大，有害分力 F_n 越小，机构的传力性能越好。当 α 过大时，机构发生自锁，不能运动。为了保证机构能够正常工作，通常传动角的最小值应大于或等于其许用值 $[\gamma]$，即 $\gamma_{\min} \geqslant [\gamma]$。

机构的压力角和传动角是对从动件而言的。在机构的运动过程中，压力角和传动角的大小是随从动件的位置而变化的。

（四）机构死点的位置

在图 2-11 所示的曲柄摇杆机构中，以摇杆 CD 为原动件，当连杆 BC 与从动件曲柄 AB 共线时（两虚线位置），机构的传动角 $\gamma=0°$，此时，原动件 CD 通过连

杆 BC 作用在从动件 AB 上的力恰好通过其回转中心，所以构件 AB 出现了不能旋转的现象，机构的这种位置称为死点。

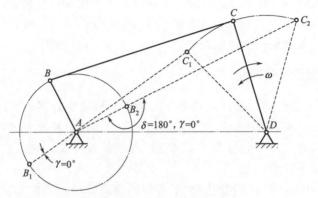

图 2-11 机构死点的位置

为了使机构能够顺利通过死点位置正常运转，必须采取适当的措施：可以采用机构错位排列的方法，将两组以上的相同机构组合使用，各机构的死点位置相互错开排列，如图 2-12 所示；对于连续工作的机器，也可以采用安装飞轮加大惯性的方法，利用惯性通过死点位置。

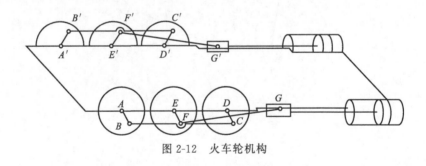

图 2-12 火车轮机构

另一方面，在工程实践中，也可以利用机构死点位置来实现一定的工作要求。如图 2-13 所示的飞机起落架机构，当飞机着陆时，连杆 BC 和从动件 CD 在一条直线上，此时机构处于死点位置，即使机轮上受到很大的力，起落架也不会反转，这可以使飞机的起落和停放更加可靠。图 2-14 所示的连杆式快速夹具，就是利用死点位置夹紧工件的，在手柄 BC 处施加压力 F 将工件夹紧后，连杆 BC 与从动件 CD 在同一直线上，撤去外力 F 之后，工件受到反作用力 F_N 的作用，机构处于死点位置，实现夹紧工件的作用。

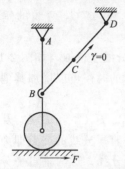
图 2-13 飞机起落架机构

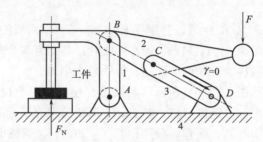
图 2-14 连杆式快速夹具

四、平面四杆机构的设计

平面四杆机构的设计，主要是根据已知给定条件来选择合适的四杆机构形式，确定各个构件的尺寸，并作出机构运动简图。

平面四杆机构的设计方法有图解法、解析法和实验法。图解法简单直接、几何关系清晰，但精度稍差；解析法设计精确，但是过程复杂；实验法简单易行，但精度稍差。本节主要讲解用图解法设计平面四杆机构。

1. 按给定连杆位置设计四杆机构

如图 2-15(a) 所示，已知铰链四杆机构中的连杆长度 l_2 及连杆的两个位置 B_1C_1 和 B_2C_2，采用图解法设计该铰链四杆机构。

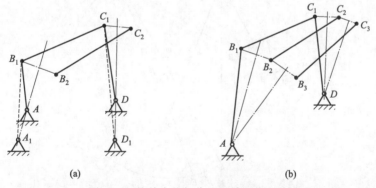

图 2-15 按给定连杆位置设计四杆机构

分析：首先，确定了固定铰链 A 和 D 的位置，就可确定其余三个杆的长度。而 A 点在活动铰链 B 运动轨迹的圆心处，D 在活动铰链 C 运动轨迹的圆心处。

设计步骤如下：

① 根据已知条件，按比例绘制出连杆的两个位置 B_1C_1 和 B_2C_2。

② 连接 B_1、B_2 两点和 C_1、C_2 两点，分别作 B_1B_2 和 C_1C_2 两线的垂直平分线。

③ A 和 D 可以分别在 B_1B_2 和 C_1C_2 两线的垂直平分线上任取，如图 2-15(a) 所示的 A_1、A_2 和 D_1、D_2。此时，有无穷多个解。设计的时候可以增加其他参数设计机构，比如机构尺寸、传动角大小等。

如图 2-15(b) 所示，如果给定连杆的三个位置 B_1C_1、B_2C_2 和 B_3C_3 及连杆的长度，分别作 B_1B_2 和 B_2B_3 两线的垂直平分线，两垂直平分线的交点即为固定铰链中心 A。同理，分别作 C_1C_2 和 C_2C_3 两线的垂直平分线，这两垂直平分线的交点为另一固定铰链中心 D。连接 AB_1C_1D（AB_2C_2D、AB_3C_3D）即为所求铰链四杆机构。

若给定四个以上对应位置，B_1C_1、B_2C_2、B_3C_3、B_4C_4…要设计此机构，可以从上述分析看出，B_1、B_2、B_3、B_4…及 C_1、C_2、C_3、C_4…各自在同一圆弧上时，此机构有解，否则此机构不存在。

2. 按给定行程速比系数 K 设计四杆机构

（1）曲柄摇杆机构

如图 2-16 所示，已知铰链四杆机构的行程速比系数 K，摇杆长度 L_3 和摆角 φ，用图解法设计该铰链四杆机构。

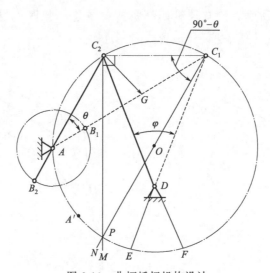

图 2-16 曲柄摇杆机构设计

分析：已知机构的行程速比系数 K 时，可以根据公式计算出机构的极位夹角 θ。根据极位夹角 θ 能够确定铰链 A 的位置，而设计的实质就是确定铰链 A 的位置，从而根据几何条件去确定其他三杆的尺寸。

设计步骤如下：

① 按公式 $\theta=180°\dfrac{K-1}{K+1}$ 计算出极位夹角 θ 的值。

② 选长度比例尺 μ_1，任取一点为固定铰链 D 的位置，根据摇杆长度 L_3 和摆角 φ 作出摇杆 CD 的两个极限位置 C_1D 和 C_2D，$\angle C_1DC_2=\varphi$。

③ 过点 C_2 作一条垂直于 C_1C_2 的直线 C_2M，再过点 C_1 作 $\angle C_2C_1N=90°-\theta$，直线 C_2M 和 C_1N 的交点为 P。

④ 以 C_1P 的中点 O 为圆心，以 OP 或 C_1O 为半径作圆，则此圆周上任意一点与 C_1、C_2 连线所夹的角均为 θ。曲柄转动中心 A 可以在圆弧 $\overset{\frown}{C_2PE}$ 或 $\overset{\frown}{C_1F}$ 上任取。若给定了其他条件则可以确定曲柄转动中心 A 的确切位置，比如铰链 A 和铰链 D 的水平距离或竖直距离。

⑤ 设曲柄 AB 长度为 L_1，连杆 BC 长度为 L_2，当摇杆 CD 在两个极限位置时，曲柄 AB 和连杆 BC 共线，则有

$$L_{AC_1}=L_1+L_2$$

$$L_{AC_2}=L_2+L_1$$

由以上两式可得

$$L_1=\dfrac{L_{AC_1}-L_{AC_2}}{2}$$

$$L_2=\dfrac{L_{AC_1}+L_{AC_2}}{2}$$

要注意的是以上所求得的数值为作图所得尺寸，实际长度要乘以比例尺。

(2) 曲柄滑块机构

如图 2-17 所示，已知偏置曲柄滑块机构的行程速比系数 K、偏距 e、行程 H，设计此偏置曲柄滑块机构。

设计步骤如下：

① 由给定的行程速比系数 K，计算出极位夹角 θ。

② 选长度比例尺 μ_1，作 $C_1C_2=H$，如图 2-16 所示。

③ 由点 C_1、C_2 各做一条射线 OC_1、OC_2，并使 $\angle OC_1C_2=\angle OC_2C_1=90°-\theta$，这两条射线的交点为 O 点，显然，$\angle C_1OC_2=2\theta$。

④ 以 OC_1（或 OC_2）为半径，以 O 为圆心作圆。若此时在圆上任选一点 A 作为曲柄的转动中心，并分别连接 C_1A 和 C_2A，则 $\angle C_2AC_1=\theta$。

⑤ 作一条平行于 C_1C_2 的直线，使两条直线之间的距离等于偏心距 e，此时，直线与上述圆的交点为曲柄 AB 的固定铰链中心 A。

⑥ 分别连接 C_1A 和 C_2A，则 $\angle C_2AC_1=\theta$。当滑块 C 在两个极限位置 C_1、C_2 时，曲柄 AB 和连杆 BC 共线。曲柄 AB 和连杆 BC 长度的算法同上。

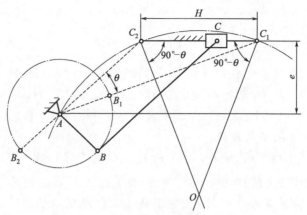

图 2-17 曲柄滑块机构

任务实施

内燃机曲柄滑块机构的设计过程和结果如下：

① 由给定的行程速比系数 K，计算出极位夹角 θ：

$$\theta = 180° \frac{K-1}{K+1} = 180° \times \frac{1.4-1}{1.4+1} = 30°$$

② 取长度比例尺 $\mu_l = 1$（mm/mm），作 $C_1C_2 = H = 200\text{mm}$，作出滑块的两个极限位置 C_1 和 C_2，如图 2-18 所示。

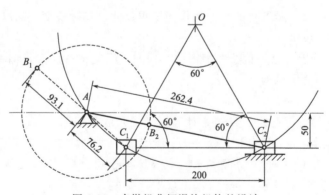

图 2-18 内燃机曲柄滑块机构的设计

③ 由点 C_1、C_2 各做一条射线 OC_1、OC_2，并使 $\angle OC_1C_2 = \angle OC_2C_1 = 90° - 30°$，这两条射线的交点为 O 点，得 $\angle C_1OC_2 = 60°$。

④ 以 OC_1（或 OC_2）为半径，以 O 为圆心作圆。

⑤ 作偏距线 $e = 50\text{mm}$，交圆弧于 A，A 即为所求曲柄与机架的固定铰链

中心。

⑥ 分别连接 C_1A 和 C_2A，则 $\angle C_2AC_1 = \theta$。当滑块 C 在两个极限位置 C_1、C_2 时，曲柄 AB 和连杆 BC 共线，曲柄 AB 和连杆 BC 长度的算法如下：

$$L_{AB} = \mu_1 \frac{AC_2 - AC_1}{2} = 93.1\text{mm}$$

$$L_{BC} = \mu_1 \frac{AC_2 + AC_1}{2} = 169.3\text{mm}$$

思考与练习题

1. 铰链四杆机构有哪几种基本类型？
2. 铰链四杆机构具有曲柄的条件是什么？
3. 铰链四杆机构中，当曲柄作为原动件时，机构是否一定具有急回运动，为什么？
4. 简述什么是极位夹角。
5. 压力角（传动角）的大小对机构的传力性能有什么影响？
6. 机构在什么条件下有死点？死点对工作有什么利弊？
7. 如题图 2-1 所示的铰链四杆机构中，已知连架杆为最短杆，长度为 100mm，连杆为最长杆，长度为 300mm，另一连架杆长度为 200mm，若此机构为曲柄摇杆机构，试求机架的长度范围。
8. 使用作图法设计一曲柄摇杆机构，已知行程速比系数 $K = 1.25$，摇杆 CD 的长度为 400mm，摆角 ψ 为 30°，机架处于水平位置。
9. 试设计一曲柄滑块机构，已知滑块行程 $S = 60$mm，机构偏心距 $e = 10$mm，行程速比系数 $K = 1.2$。

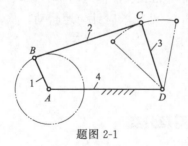

题图 2-1

项目三
凸轮机构设计

 学习目标

1. 熟悉凸轮机构的组成、类型及应用。
2. 掌握从动件的运动规律。
3. 掌握图解法设计凸轮轮廓曲线的方法。
4. 了解设计凸轮机构应注意的问题。

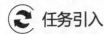 任务引入

用图解法设计汽车内燃机配气机构对心直动盘形凸轮轮廓曲线。已知凸轮的基圆半径 $r_b=13\mathrm{mm}$、推程 $h=8\mathrm{mm}$、推程运动角为 $60°$、近休止角为 $220°$、远休止角为 $20°$、回程运动角为 $60°$,凸轮顺时针匀速转动,从动件推程和回程中按等加速等减速运动规律运动。

 相关知识

一、凸轮机构的应用及分类

凸轮机构是由凸轮、从动件和机架组成的高副机构。在各种机械中,特别是自动化和自动控制装置中,广泛采用着各种形式的凸轮机构。

(一) 凸轮机构的应用

图 3-1 所示为靠模车削加工机构。移动凸轮被用作靠模板,在车床上固定,被加工件回转时,刀架(从动件)依靠滚子在移动凸轮曲线轮廓的驱动下做横向进给,从而切削出与靠模板曲线轮廓一致的工件。

图 3-2 所示为自动车床中的凸轮组。该凸轮组是由两个凸轮机构组成,用来控

制前、后刀夹的进刀、退刀和停歇动作,来实现预期的半自动化加工的目的。

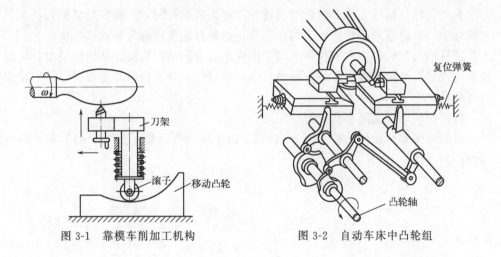

图 3-1　靠模车削加工机构　　　　图 3-2　自动车床中凸轮组

由以上各例可知,凸轮机构可以通过凸轮的曲线轮廓或曲线凹槽驱使从动件进行运动,以精确地实现预期的运动规律。

和平面连杆机构相比,凸轮机构具有结构简单、紧凑,工作可靠等优点,通过设计合理的凸轮轮廓可以精确地实现任意预定的运动规律。因此,凸轮机构作为控制机构得到了广泛的应用。但是,由于凸轮与从动件之间为点接触或线接触,易磨损,而且凸轮轮廓的加工也困难,所以凸轮机构不能应用于传力大的场合。

(二) 凸轮机构的分类

凸轮机构的分类方法有很多,一般可按以下方式进行分类。

(1) 按凸轮形状分类

可分为盘形凸轮机构 [图 3-3(a)]、移动凸轮机构 [图 3-3(b)] 和圆柱形凸轮机 [图 3-3(c)] 三种。

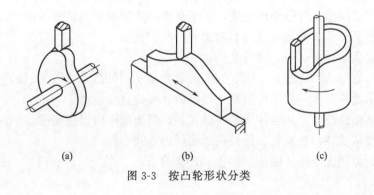

图 3-3　按凸轮形状分类

盘形凸轮机构：这种凸轮机构中的凸轮是一个变化向径的盘状构件，并且绕固定轴线转动。

移动凸轮机构：当盘形凸轮的回转中心在无穷远处时，凸轮相对机架做往复的直线运动，这时盘形凸轮变成了移动凸轮，这种凸轮机构称为移动凸轮机构。

圆柱形凸轮机构：在圆柱体上加工出内凹或者外凸的轮廓，凸轮转动时，可以使从动件沿着凸轮轴线方向往复运动，也可以看作是移动凸轮卷绕在圆柱体上形成的凸轮。

（2）按从动件端部形状分类

可分为尖端从动件凸轮［图 3-4(a)］、滚子从动件凸轮［图 3-4(b)］和平底从动件凸轮［图 3-4(c)］三种。

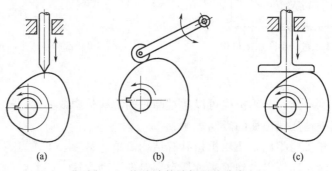

图 3-4　按从动件端部形状分类

尖端从动件凸轮：它的从动件为尖顶，可以与任意形状的凸轮轮廓相接触，从而实现复杂的运动规律，但由于尖顶处易磨损，多用于受力不大的仪器和机械设备中。

滚子从动件凸轮：为了克服尖顶从动件的缺点，在从动件的尖顶处安装一个滚子与凸轮轮廓相接触，由于接触处变为滚动摩擦，所以磨损轻，可传递较大的载荷。这是一种应用很广的凸轮机构的从动件形式。

平底从动件凸轮：这种凸轮机构的从动件与凸轮轮廓接触的端面为一平面，因接触处呈楔形间隙，容易形成油膜，利于润滑，故常用于高速的场合。这种凸轮机构的不足是从动件不能与具有内凹轮廓的凸轮相接触。

（3）按从动件的运动方式分类

可分为直动从动件凸轮［图 3-4(a)］和摆动从动件凸轮［图 3-4(b)］两种。

直动从动件凸轮：从动件沿某一导路做往复的直线运动。

摆动从动件凸轮：从动件绕某一点在一定角度范围内做往复摆动。

（4）按从动件与凸轮轮廓保持接触的封闭方式分类

可分为力锁合凸轮［图 3-5(b)］和形锁合凸轮［图 3-5(a)］两种。

力锁合凸轮：凸轮与从动件之间可以通过弹簧力、重力等保持接触，称为力封闭。

形锁合凸轮：利用几何图形使从动件与凸轮始终保持接触。

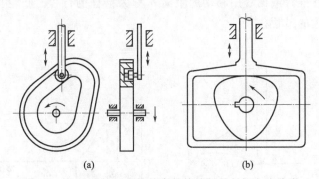

图 3-5 按从动件与凸轮轮廓保持接触的封闭方式分类

(5) 按凸轮与从动件相对位置分类

可以分为对心式凸轮机构 [图 3-4(c)] 和偏心式凸轮机构 [图 3-4(a)] 两种。

对心式凸轮机构：从动件的导路通过凸轮的回转中心。

偏心式凸轮机构：从动件的导路不通过凸轮的回转中心。

将不同类型的凸轮和从动件组合可得各种类型的凸轮机构。凸轮机构可以将凸轮的连续转动（或移动）转变为从动件的直线运动或摆动，多用于控制机构中。

二、凸轮机构从动件的运动规律

凸轮机构的设计中，从动件运动规律的选择和设计关系到凸轮机构的工作质量。

（一）凸轮机构的工作过程

图 3-6(a) 所示为一对心直动尖顶推杆盘形凸轮机构。图 3-6 中，以凸轮的回转轴心 O 为圆心，以凸轮的最小半径 r_b 为半径所作的圆称为凸轮的基圆，r_b 称为基圆半径。图 3-6 所示凸轮的轮廓由四段曲线 $\overset{\frown}{AB}$、$\overset{\frown}{BC}$、$\overset{\frown}{CD}$ 及 $\overset{\frown}{DA}$ 所组成。凸轮与从动件推杆在 A 点接触时，推杆处于最低位置。当凸轮沿逆时针转动时，推杆在凸轮轮廓线 $\overset{\frown}{AB}$ 段的推动下，将由最低位置 A 被推到最高位置 B'，推杆运动的这个过程称为推程，与推程相对应的凸轮转角 δ_0 称为推程运动角。当推杆与凸轮轮廓线的 $\overset{\frown}{BC}$ 段接触时，由于 $\overset{\frown}{BC}$ 段是以凸轮轴心 O 为圆心的圆弧，所以推杆将处于最高位置而静止不动，这个过程称为远休止，与之相对应的凸轮转角 δ_s 称为远休止角。当推杆与凸轮轮廓线的 $\overset{\frown}{CD}$ 段接触时，它又由最高位置回到最低位置，这

个过程称为回程，与之相应的凸轮转角 δ'_0 称为回程运动角。最后，当推杆与凸轮轮廓线 $\overset{\frown}{DA}$ 段接触时，由于 $\overset{\frown}{DA}$ 段是以凸轮轴心 O 为圆心的圆弧，所以推杆将在最低位置静止不动，这个过程称为近休止，与之相应的凸轮转过的转角 δ'_s 称为近休止角。推杆在推程或回程中移动的距离 h 称为推杆的行程。凸轮再继续转动时，推杆将重复上述的过程。

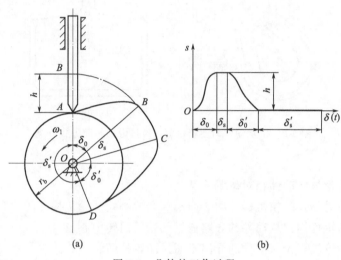

图 3-6 凸轮的工作过程

（二）从动件的运动规律

从动件的位移、速度和加速度随时间 t（或凸轮转角 δ）的变化规律，称为从动件的运动规律。目前工程上从动件运动规律有很多，下面仅就从动件上升的推程来分析几种常用的从动件运动规律，并假设在推程前后存在近休止和远休止，即从动件经历了"停-升-停"的运动过程。

1. 等速运动规律（直线运动规律）

从动件在推程或回程中运动速度保持不变的运动规律，称为等速运动规律。

从动件在做等速运动时，其运动线图如图 3-7 所示，其位移线为一条直线，故又称直线运动规律。从动件运动过程中，其加速度始终为零，但在运动开始和运动终止位置的瞬时，因有速度突变，故加速度理论上为由零突变为无穷大，导致从动件产生无穷大的惯性力，使机构产生强烈的刚性冲击（实际上由于材料的弹性变形，惯性力不会达到无穷大）。因此，等速运动规律只适用于低速和从动件质量较小的凸轮机构中。在实际应用时，为避免刚性冲击，常将从动件在运动开始和终止时的位移曲线加以圆弧修正，使速度逐渐增加和逐渐降低。

2. 等加速等减速运动规律

从动件在推程的前半段为等加速，后半段为等减速的运动规律，称为等加速等减速运动规律。

图 3-8 所示为凸轮机构从动件按等加速等减速运动规律运动时的运动线图。横坐标为凸轮转角 δ，纵坐标分别为从动件位移 s、速度 v 和加速度 a。由此可以看出从动件的运动特性：从动件运动的加速度为常数，在运动的起始点、等加速/等减速的转折点和终止点，加速度产生有限突变。加速度有限突变引起有限惯性力，导致一定限度的冲击。这种由于加速度有限突变引起的冲击，称为柔性冲击。等加速等减速运动规律适用于中速轻载的场合。

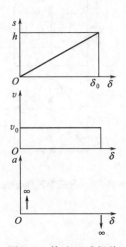
图 3-7　等速运动规律

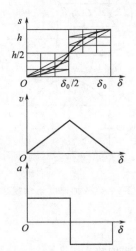
图 3-8　等加速等减速运动规律

3. 余弦加速度运动规律

质点在圆周上做等速运动时，它在该圆直径上的投影所构成的运动称为简谐运动。按简谐运动的定义可作出推程中从动件简谐运动规律下的运动线图，如图 3-9 所示。图中，横坐标为凸轮转角 δ，纵坐标分别为从动件位移 s、速度 v 和加速度 a。由此可以看出从动件的运动特性：其加速度曲线是余弦曲线，从动件在整个运动过程中速度连续，但在运动的起始点和终止点，加速度会产生有限突变，机构将产生柔性冲击，即凸轮机构从动件按余弦加速度运动规律运动时，只有在运动的起始点和终止点会产生柔性冲击，在运动的其他过程中，不会产生冲击。故余弦加速度运动规律的动力性能优于等加速等减速运动规律，常应用于中速中载的运动场合。

4. 正弦加速度运动规律

凸轮机构从动件按正弦加速度运动规律运动时，从动件的位移曲线是动圆沿纵坐标轴做纯滚动时，其上一周定点 A 在纵坐标上投影得到的曲线。

图 3-10 所示为凸轮机构从动件按正弦加速度运动规律运动时的运动线图。横坐标为凸轮转角 δ，纵坐标分别为从动件位移 s、速度 v 和加速度 a。由此可以看出从动件的运动特性：其速度曲线及加速度曲线始终保持连续变化，从动件的加速度无突变，从动件在运动的起始点和终止点加速度皆为零，既无刚性冲击，也无柔性冲击。因此正弦加速度运动规律具有比较好的运动特性和动力性能，适用于高速的场合。

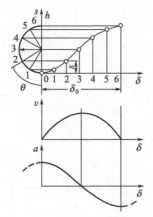 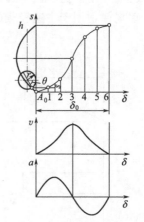

图 3-9　余弦加速度运动规律　　　　图 3-10　正弦加速度运动规律

5. 组合运动规律

为了避免刚性冲击，常在从动件运动开始和结束处采用过渡的运动规律，这种运动规律称为组合运动规律。例如，将等速运动规律的开始和终止处的位移曲线进行修正，使其加速度曲线在相应位置产生有限的变化，从而避免刚性冲击，既满足运动要求，又改善了动力性能。

（三）从动件运动规律的选择

工程实际的应用中，从动件的运动规律还有很多种，例如复杂多项式运动规律等。在选择从动件运动规律时，首先应满足机器的具体工作要求，同时还要考虑凸轮机构的动力特性，并且便于加工制造，因此，在选择从动件运动规律时，必须根据使用场合、工作条件等分清主次综合考虑，确定选择的主要依据。

三、凸轮轮廓曲线设计

在根据工作要求和结构条件选定了凸轮的机构形式、尺寸，从动件的运动规律后，就可以对凸轮轮廓曲线进行设计了。凸轮轮廓曲线的设计方法主要有作图法和解析法，下面主要介绍作图法设计凸轮轮廓曲线。

（一）凸轮轮廓曲线设计的基本原理

凸轮轮廓曲线设计所依据的基本原理是反转法。凸轮机构工作时，凸轮以角速度ω旋转，从动件做往复运动，在进行凸轮轮廓曲线设计时给整个机构叠加一个公共角速度$-\omega$（即方向相反、大小相等的角速度），使其整体绕轴心O转动，此时凸轮静止不动，从动件以角速度$-\omega$绕轴心O转动，而凸轮与推杆之间的相对运动关系并未改变。在这种运动过程中，从动件尖顶的运动轨迹即为凸轮轮廓曲线，如图3-11所示。

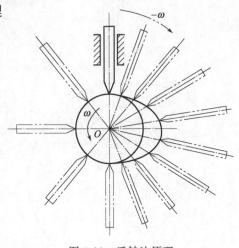

图 3-11 反转法原理

（二）盘形凸轮轮廓曲线设计

1. 对心直动尖顶从动件盘形凸轮轮廓设计

对心直动尖顶推杆凸轮机构中，设已知凸轮的基圆半径r_b、角速度ω（顺时针）和从动件的运动规律，设计该凸轮轮廓曲线。

① 选取适当的比例尺μ_1，根据从动件的运动规律作出其位移线图，如图3-12(b)所示。

② 取相同的比例尺μ_1，以O为圆心，r_b为半径作凸轮的基圆，作出从动件运动的导路中心线。再从从动件最低位置A起，沿着$-\omega$的方向依次取凸轮的各运动角，并将其分为与位移图相对应的份数，与基圆相交于A_0、A_1'、A_2'、$\cdots$、A_8'各点，过圆心O作射线OA_1'、OA_2'、$\cdots$、OA_8'，如图3-12(a)所示，这些射线就是反转之后从动件各个位置的移动导路中心线。

③ 过点A_1'、A_2'、$\cdots$、A_8'沿射线OA_1'、OA_2'、$\cdots$、OA_8'在基圆外量取从动件各位置时所对应的位移量$11'$、$22'$、$33'$、$\cdots$，作$A_1'A_1$、$A_2'A_2$、$A_3'A_3$、$\cdots$，点A_1、A_2、A_3、$\cdots$即为机构反转时从动件尖端所处的各个位置。

④ 用光滑的曲线连接点A_0、A_1、A_2、$\cdots$、A_8，所得曲线即为对心直动尖顶从动件盘形凸轮的轮廓。

2. 偏置直动尖顶从动件盘形凸轮轮廓设计

偏置直动尖顶推杆凸轮机构中，设已知凸轮的基圆半径r_b，从动件为左偏置，偏距为e，凸轮角速度为ω_1（顺时针）和从动件的运动规律，设计该凸轮轮廓曲线。

① 选取适当的比例尺μ_1，根据从动件的运动规律作出其位移线图，如图3-13(b)所示。

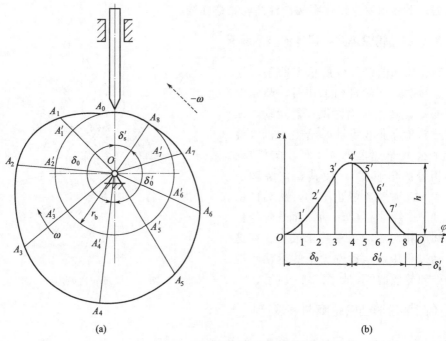

图 3-12 对心直动尖顶从动件盘形凸轮轮廓设计

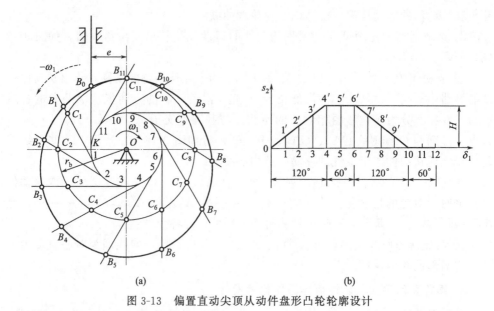

图 3-13 偏置直动尖顶从动件盘形凸轮轮廓设计

② 取相同的比例尺 μ_l，以 O 为圆心，r_b 为半径作凸轮的基圆，并根据从动件的偏置方向画出从动件的起始位置线。以 O 为圆心、$OK=e$ 为半径作偏距圆，该

圆与从动件的起始位置线切于 K 点。自 K 点开始，沿 $-\omega$ 方向将偏距圆分成与图 3-13(b) 的横坐标对应的份数，偏距圆上得到点 0（K）、1、2…11，过这些点作偏距圆的切射线，这些切射线就是反转之后从动件各个位置的移动导路中心线。切射线与基圆的交点分别为 C_0、C_1、C_2、…、C_{11}。

③ 在上述的切射线中，从基圆开始向外截取线段 C_1B_1、C_2B_2、C_3B_3、…、$C_{11}B_{11}$，其长度分别等于从动件各位置时所对应的位移量 $11'$、$22'$、$33'$、…，点 B_0、B_1、B_2、…、B_{11} 即为机构反转时从动件尖端所处的各个位置。

④ 用光滑的曲线连接点 B_0、B_1、B_2、…、B_{11}，所得曲线即为凸轮的轮廓曲线。

3. 直动滚子从动件盘形凸轮轮廓设计

设已知凸轮的基圆半径 r_b，滚子半径 r_T，角速度 ω_1（顺时针）和从动件的运动规律，设计该凸轮轮廓曲线。

对于滚子从动件凸轮机构的轮廓曲线设计，可将滚子中心视为尖顶，按尖顶从动件凸轮轮廓曲线的设计方法，确定滚子中心的运动轨迹，此轨迹称为滚子从动件凸轮机构的理论轮廓线，以理论轮廓线上一系列的点为圆心，以 r_T 为半径作一系列的圆，再作这些圆的包络线，即为凸轮机构的实际轮廓线，如图 3-14 所示。

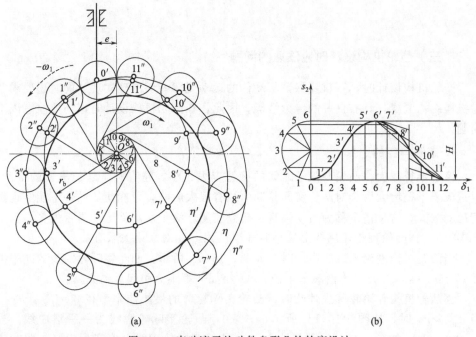

图 3-14 直动滚子从动件盘形凸轮轮廓设计

4. 直动平底从动件盘形凸轮轮廓设计

平底从动件盘形凸轮轮廓设计与滚子从动件盘形凸轮轮廓设计相似，可将推杆导路的中心线与推杆平底的交点视为尖顶。首先确定尖顶在从动件运动过程中的各个位置点，再过这些点作垂直于导路的直线，代表推杆的平底，最后作出平底直线的包络线，即为凸轮机构的轮廓曲线，如图 3-15 所示。

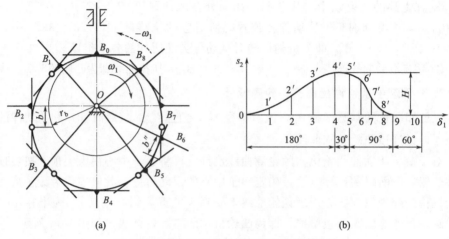

图 3-15　直动平底从动件盘形凸轮轮廓设计

（三）凸轮机构设计时应注意的问题

凸轮机构设计时，不仅要保证从动件的运动规律能够准确实现，同时还要求凸轮机构结构紧凑，具有良好的传力性能，因此，在凸轮机构设计时，还要注意以下问题。

1. 滚子半径的选择

滚子半径越大，凸轮与滚子之间的接触应力越小，越有利于延长滚子的寿命，但是滚子半径增大后会对凸轮实际轮廓曲线有很大影响，可能使从动件不能实现预期运动规律，这种情况称为运动失真。研究表明，滚子从动件运动是否失真，与滚子半径 r_T 和凸轮理论轮廓线上最小曲率半径 $\rho_{\min}$ 相对大小关系有关。

当凸轮机构理论轮廓线内凹时，如图 3-16(a) 所示，凸轮实际轮廓线的曲率半径 $\rho'=\rho-r_T$，此时，无论滚子半径 r_T 大小如何都不会引起运动失真。

当凸轮机构理论轮廓线外凸时，凸轮实际轮廓的最小曲率半径 $\rho'=\rho_{\min}-r_T$。当 $\rho_{\min}>r_T$ 时，如图 3-16(b) 所示，$\rho'>0$，凸轮实际轮廓线为一平滑曲线。当 $\rho_{\min}=r_T$ 时，如图 3-16(c) 所示，$\rho'=0$，凸轮实际轮廓线上将产生尖点，此时尖点容易磨损，磨损后凸轮运动规律发生改变。当 $\rho_{\min}<r_T$ 时，如图 3-16(d) 所示，$\rho'<0$，凸轮实际轮廓线发生相交，其中阴影部分的轮廓曲线在加工凸轮时被切去，此部分运动规律将无法实现，导致运动失真。这在设计凸轮轮廓曲线时是不可以出现的，所以必须使 $\rho_{\min}>r_T$，一般取 $r_T=0.8\rho_{\min}$。

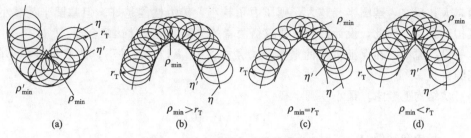

图 3-16 滚子半径与凸轮轮廓的关系

2. 压力角的校核

凸轮机构传力性能的好坏与压力角的大小有关。凸轮机构中,从动件的受力方向和从动件的运动方向之间所夹的锐角 α,称为凸轮机构的压力角。如图 3-17 所示,从动件的运动方向始终沿着导路的中心线,如果忽略重力和摩擦力,从动件的受力方向是沿接触点的法线方向。力 F_n 可分解成沿从动件运动方向的有效分力 $F_y = F_n \cos\alpha$ 和使从动件紧压导路的有害分力 $F_x = F_n \sin\alpha$。凸轮机构的压力角 α 越大,其有效分力 F_y 越小,有害分力 F_x 越大,当有害分力 F_x 引起的摩擦阻力大于从动件的有效分力 F_y 时,从动件无法运动,这种现象称为自锁。

为了保证凸轮机构的良好传力性能,避免自锁现象,设计时取越小的压力角越好,限制凸轮机构的最大压力角,使 $\alpha_{max} \leqslant [\alpha]$,$[\alpha]$ 为许用压力角。根据实际经验,推程中,直动从动件许用压力角 $[\alpha] \leqslant 30°$,摆动从动件许用压力角 $[\alpha] \leqslant 30° \sim 45°$。凸轮轮廓曲线上各点的压力角是变化的,最大压力角一般出现在推程起

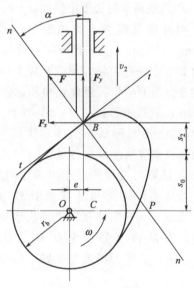

图 3-17 压力角的校核

始位置、理论轮廓线上较陡的点,设计凸轮机构时,应对这些点的压力角进行校核,如果超过许用压力角 $[\alpha]$,应采取增加凸轮半径或者改对心凸轮机构为偏置凸轮机构等措施,来减小压力角 α_{max}。

直动平底从动件凸轮机构的压力角 α 始终为零,所以其传力性能最好。

3. 基圆半径的确定

基圆的半径的大小会影响凸轮机构的压力角和结构尺寸。基圆半径越小,压力

角越大；反之，基圆半径越大，则压力角越小，传力性能越好。但基圆半径越小，机构越紧凑。因此，设计凸轮时要权衡两者的关系，使设计达到合理。

设计原则：在保证机构的最大压力角 $\alpha_{\max} \leqslant [\alpha]$ 的条件下，选取尽可能小的基圆半径。

从结构上考虑，最小基圆半径

$$r_{b_{\min}} = 1.8r + (4 \sim 10) \text{mm}$$

当凸轮和轴做成一体时

$$r_{b_{\min}} = r + (4 \sim 10) \text{mm}$$

式中，r 为安装凸轮处轴的半径，mm。

任务实施

汽车内燃机配气机构对心直动盘形凸轮轮廓曲线的设计步骤如下：

① 选取适当的长度比例尺 $\mu_l = 0.5 (\text{mm/mm})$，角度比例尺 $\mu_\delta = 2[(°)/\text{mm}]$，画出从动件位移线图。按角度比例尺在横轴上由原点向右量取 30mm、10mm、30mm、110mm，分别代表推程运动角 60°、远休止角 20°、回程运动角 60°、近休止角 220°，并将位移线图横坐标上代表推程运动角 $\delta_0 = 60°$ 和回程运动角 $\delta'_0 = 60°$ 的线段各分为 6 等份，近休止角和远休止角不必等分，在纵轴上按长度比例尺向上截取 16mm 代表推程位移 8mm，按已知运动规律作位移线图，如图 3-18(a) 所示。过等分点分别作垂线，这些垂线与位移曲线相交所得的线段 $11'$、$22'$、$33'$…，即代表相应位置从动件位移量。

② 选取与位移线图相同的比例尺。以 O 点为圆心，r_b 为半径画出基圆。过 O 点画从动件导路与基圆交于 B_0 点。其中 $r_b = 13\text{mm}/0.5 = 26\text{mm}$。从 B_0 开始，沿着 $-\omega$ 方向在基圆上依次取出各运动角，并将其分为与位移线图相对应的份数，在基圆上分别为点 B_1、B_2、B_3、…，过圆心 O 作射线 OB_1、OB_2、OB_3、…，这些射线就是反转之后从动件各个位置的移动导路中心线，如图 3-18(b) 所示。

③ 沿射线 OB_1、OB_2、OB_3、…在基圆外分别截取 $A_1B_1 = 11'$、$A_2B_2 = 22'$、$A_3B_3 = 33'$、…，就得到机构反转后从动件尖顶的一系列位置点 A_1、A_2、A_3、…。

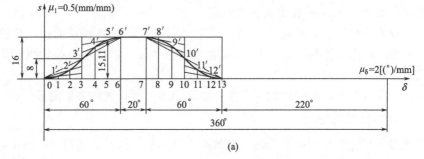

(a)

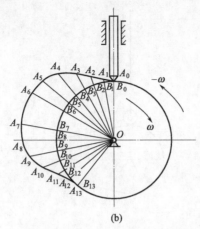

图 3-18　汽车内燃机配气机构对心直动盘形凸轮轮廓曲线的设计

④ 将 A_1、A_2、A_3…连成一条光滑的封闭曲线，即为凸轮轮廓曲线，如图 3-18(b) 所示。

思考与练习题

1. 凸轮机构有哪些分类方式？
2. 何谓凸轮机构的压力角？设计凸轮机构时，为什么要控制压力角的最大值 α_{max}？
3. 凸轮机构中，从动件常用的运动规律有哪些？分别适用于什么情况？
4. 在题图 3-1 中画出此时凸轮机构的基圆、压力角，标出升程 h 及各个转角。
5. 简述凸轮轮廓的反转法设计的原理。
6. 用反转法原理，求题图 3-2 中凸轮从图示位置转过 45°之后，从动件与凸轮轮廓接触处的压力角。

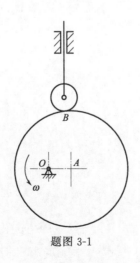

题图 3-1

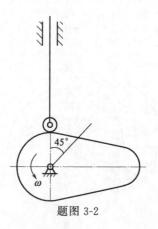

题图 3-2

7. 作图法设计凸轮机构时需要注意哪些问题?

8. 设计一对心直动滚子从动件盘形凸轮机构。已知凸轮以等角速度ω顺时针转动,基圆半径$r_b = 40$mm,滚子半径$r_T = 10$mm。从动件运动规律如下:$\delta_0 = 150°$,$\delta_s = 30°$,$\delta_0' = 120°$,$\delta_s' = 60°$;从动件在推程中以简谐运动规律上升,行程$h = 30$mm;回程以等加速等减速运动规律返回原处。试绘出从动件位移线图及凸轮轮廓。

项目四
齿轮传动设计

📘 学习目标

1. 了解常见齿轮传动的类型以及齿轮传动的特点。
2. 能够在机械设计中选择合适的齿轮传动,并能够进行有关设计计算。
3. 掌握渐开线直齿圆柱齿轮啮合传动需要满足的条件。
4. 了解范成法切齿的基本原理和根切现象产生的原因。
5. 掌握不发生根切的条件。

🔄 任务引入

某带式输送机传动装置简图如图 4-1 所示。试设计该输送机中的标准直齿圆柱齿轮传动。已知:电动机驱动,减速器输入功率 $P=17\text{kW}$,主动齿轮的转速 $n_1=745\text{r/min}$,齿轮传动比 $i=3.7$,单向运转,载荷有中等冲击。

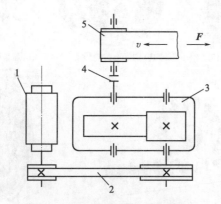

图 4-1 带式输送机传动装置简图
1—电机;2—带传动;3—减速器;4—联轴器;5—传送带

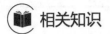 相关知识

一、齿轮传动的类型和特点

（一）齿轮传动的类型

常见的齿轮传动分类见表 4-1。

▫ 表 4-1　齿轮传动的分类

分类依据	类别
两齿轮轴线的相对位置	平行轴、相交轴、交错轴齿轮传动
齿向	直齿、斜齿、人字齿、曲线齿
齿轮传动的工作条件	闭式、开式、半开式传动
齿廓曲线	渐开线齿、摆线齿、圆弧齿
齿面硬度	软齿面（≤350HB）、硬齿面（>350HB）

按照齿轮传动的相对运动形式，齿轮传动可分为平面齿轮传动和空间齿轮传动。

平面齿轮传动用于两平行轴之间的传动。根据轮齿相对轴线的方向，可分为直齿圆柱齿轮、斜齿圆柱齿轮和人字齿圆柱齿轮传动。其啮合形式又有外啮合、内啮合和齿轮齿条啮合，如图 4-2 所示。

(a) 外啮合齿轮传动　　(b) 内啮合齿轮传动　　(c) 斜齿圆柱齿轮传动

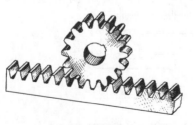

(d) 齿轮齿条传动　　(e) 人字齿轮传动

图 4-2　常见平面齿轮传动类型

空间齿轮传动用于空间两相交轴或交错轴之间的传动。常见的形式有锥齿轮、交错轴斜齿轮和蜗杆传动，如图 4-3 所示。

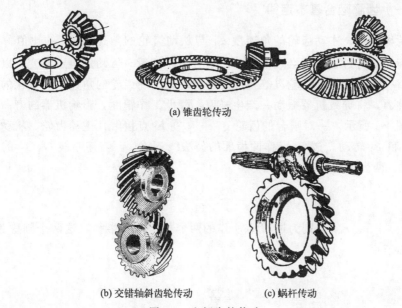

(a) 锥齿轮传动

(b) 交错轴斜齿轮传动　　(c) 蜗杆传动

图 4-3　空间齿轮传动

（二）齿轮传动的应用特点

齿轮传动是现代机械中应用最广泛的一种传动机构，与其他传动机构相比有如下优缺点。

1. 优点

① 能保证恒定的传动比，传递运动准确，传递平稳。
② 传动效率高，一般可达 95%～99%，工作可靠，寿命长，维护简便。
③ 适用的功率、速度和尺寸范围大。传递功率可以从很小至上万千瓦；速度最高可达 300m/s；齿轮直径可以从几毫米至三十多米。

2. 缺点

① 运转过程中有振动、冲击和噪声。
② 齿轮安装要求较高。
③ 不能实现无级变速。
④ 不能应用于中心距较大的场合。
⑤ 无过载保护作用。

二、渐开线齿轮的齿廓曲线与啮合特性

（一）齿廓啮合基本定律

齿轮机构中，主动齿轮的角速度 ω_1 与从动齿轮的角速度 ω_2 的比值称为传动比。在齿轮运行过程中，必须保证一对啮合齿轮的瞬时传动比恒定不变，以保证传动平稳。否则，当主动齿轮以等角速度回转时，从动齿轮的角速度是变化的，从而产生惯性力，将导致机器振动并产生噪声，降低工作精度，影响机器的寿命。

如图 4-4 所示，一对啮合的齿轮 g_1、g_2 在 K 点接触，主动齿轮、从动齿轮分别以 ω_1 和 ω_2 转动。过 K 点作两齿廓的公法线 N_1N_2，与连心线 O_1O_2 的交点为 C。此时，两齿轮的瞬时传动比为：

$$i_{12}=\frac{\omega_1}{\omega_2}=\frac{O_2C}{O_1C}=\frac{r_{b2}}{r_{b1}} \tag{4-1}$$

式中，r_{b1}、r_{b2} 分别为过 C 点所作的两个相切圆的半径，这两个圆称为节圆，C 点称为节点。

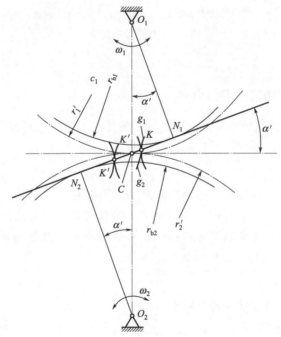

图 4-4　齿廓啮合基本定律

在齿轮传动过程中，连心线长度不变，为了使瞬时传动比为常数，则必须使 C 点为定点。也就是说，两齿廓在节点的相对速度等于零，故两齿轮的啮合传动可以

视为两轮节圆做纯滚动。

凡是符合齿廓啮合基本定律、能够实现定传动比的一对相互啮合齿廓称为共轭齿廓。理论上,任意给出一条齿廓曲线和预期的传动比,都可以根据齿廓啮合基本定律包络出与其共轭的另一条齿廓曲线。常用的齿廓曲线有渐开线曲线、圆弧曲线和摆线等。截至目前,渐开线齿廓的应用最为广泛。圆弧线齿廓用于高速重载的场合,摆线齿廓多用于各种仪表中。

(二)渐开线的形成与特性

如图 4-5 所示,当直线 $n—n$ 沿着半径为 r_b 的圆做纯滚动时,该直线上的任意一点 K 的运动轨迹 AK 称为该圆的渐开线;这个圆称为渐开线的基圆,它的半径用 r_b 来表示;这条直线 $n—n$ 称为发生线。

由渐开线的形成过程可以得出,它具有如下特性:

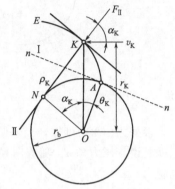

图 4-5 渐开线的形成

① 当发生线从位置 I 滚转到位置 II 时,因它与基圆没有相对滑动,所以发生线滚过的一段长度等于基圆上被滚过的一段弧长,即 $NK = \overset{\frown}{AN}$。

② 当发生线从位置 II 沿基圆做纯滚动时,点 N 为其瞬时转动中心,因此线段 NK 为渐开线上点 K 的曲率半径,点 N 为其曲率中心,而直线 NK 为渐开线上点 K 的法线。又因发生线始终切于基圆,故渐开线上任意一点的法线必与基圆相切。

③ 渐开线距基圆越远的部分,曲率半径越大,反之亦然。

④ 渐开线的形状取决于基圆的大小,半径大小不等的基圆渐开线形状不同,如图 4-6(a) 所示,基圆越大,它的渐开线在点 K 的曲率半径越大,即渐开线越趋平直。当基圆半径趋于无穷大时,其渐开线将成为垂直于 B_3K 的直线,它就是渐开线齿条的直线齿廓。

⑤ 同一基圆上任意两条渐开线(无论是同向的还是反向的)各点之间的距离相等,如图 4-6(b) 所示。

⑥ 基圆内无渐开线。

由图 4-5、图 4-6 可得渐开线的极坐标参数方程为:

$$\begin{cases} r_K = \dfrac{r_b}{\cos\alpha_K} \\ \theta_K = \mathrm{inv}\alpha_K = \tan\alpha_K - \alpha_K \end{cases} \tag{4-2}$$

式中 r_K——渐开线上 K 点的向径;

α_K——渐开线上 K 点的压力角[指 K 点所受正压力的方向(渐开线法线方向)与 K 点速度方向线之间所夹的锐角];

θ_K——渐开线 AK 段的展开角,用弧度度量,它是 α_K 的函数,又称为 α_K 的渐开线函数,用 $\mathrm{inv}\alpha_K$ 来表示。

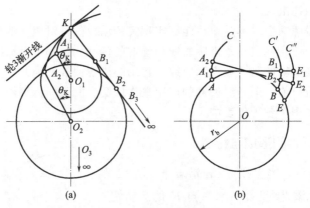

图 4-6 渐开线的特性

根据式(4-2)可知,当基圆半径 r_b 一定时,渐开线上各点的压力角是不等的,也就是说,压力角 α_K 随着向径 r_K 的变化而发生变化,向径 r_K 越大,压力角 α_K 也越大。

(三)渐开线齿廓的啮合特性

① 渐开线齿廓满足啮合基本定理并能保证定传动比传动。

如图4-4所示,两个渐开线齿轮 g_1、g_2 在 K 点接触,过 K 点作两齿廓的公法线 N_1N_2,与连心线交于一固定点 C。由渐开线的性质可以知道,公法线必为两基圆的内公切线,切点分别为 N_1 和 N_2。由于两轮的基圆及轮心位置不变,同一方向的内公切线只有一条,它与连心线必交于一定点 C,所以渐开线齿廓满足齿廓啮合基本定律,满足定传动比要求。

$$i_{12}=\frac{\omega_1}{\omega_2}=\frac{O_2C}{O_1C}=\frac{r_{b2}}{r_{b1}}=\frac{z_2}{z_1} \tag{4-3}$$

② 渐开线齿廓的啮合线为一直线。

齿轮传动时其两齿廓啮合点的轨迹称为啮合线。对于渐开线齿轮,无论齿廓在哪点接触,接触点的公法线总是两齿轮基圆的内公切线 N_1N_2,说明两齿廓的啮合点均在 N_1N_2 线上,因此 N_1N_2 线就是渐开线齿廓的啮合线。啮合线与两节圆的公切线的夹角称为啮合角。由图4-4可知,渐开线齿轮传动中啮合角始终不变,它等于齿轮节圆压力角。啮合角不变表示齿廓间正压力作用的方向不变,当传递的转矩恒定时,则轮齿之间、轴及轴承之间作用力大小和方向均不变,这对齿轮传动的平稳性极为有利。

③ 渐开线齿轮传动具有中心距可分性。

由式(4-1)可知,渐开线齿轮的传动比取决于两齿轮基圆半径的大小。齿轮制成后,基圆大小不会改变,即使由于制造或安装等使中心距发生变化,也不会影响传动比。这一特性称为中心距可分性,这对齿轮的加工、装配都十分有利。

三、渐开线直齿圆柱齿轮的主要参数及尺寸计算

（一）直齿圆柱齿轮各部分名称及符号

① 齿顶圆：过齿轮各轮齿顶端的圆称为齿顶圆，用 d_a 和 r_a 表示其直径和半径。

② 齿根圆：过齿轮各齿槽底部的圆称为齿根圆，用 d_f 和 r_f 表示其直径和半径。

③ 齿宽：沿齿轮轴线方向量得齿轮轮齿的宽度称为齿宽，用 b 表示。

④ 齿厚：在任意圆周上，同一轮齿的两侧端面齿廓之间的圆弧长，称为在该圆周上的齿厚，用 s_K 表示。

⑤ 齿槽宽：在任意圆周上，相邻两齿廓之间的圆弧长，称为该圆周上的齿槽宽，用 e_K 来表示。

⑥ 齿距：在任意圆周上，相邻两齿同侧的端面齿廓之间的圆弧长，称为在该圆周上的齿距，用 p_K 表示。

⑦ 分度圆：对于标准齿轮，齿厚与齿槽宽相等的圆称为分度圆，其直径、半径用 d、r 表示。分度圆上的齿厚、齿槽宽分别用 s、e 表示，$s=e$。分度圆是齿轮设计、制造的基准圆。

⑧ 齿顶高：齿顶圆与分度圆之间的径向高度，称为齿顶高，用 h_a 表示。

⑨ 齿根高：齿根圆与分度圆之间的径向高度，称为齿根高，用 h_f 表示。

⑩ 齿高：齿顶圆与齿根圆之间的径向高度，称为齿高用 h 表示，$h=h_a+h_f$。

⑪ 齿顶间隙：齿轮齿顶圆与配对齿轮的齿根圆间的径向距离为齿顶间隙，用 c 表示，$c=h_f-h_a$。齿顶间隙可以避免齿轮的齿顶与配对齿轮的齿根部分相互摩擦干涉，还可以存储润滑油。

⑫ 齿侧间隙：为了容纳各种制造、安装误差，避免齿廓啮合干涉，应留有一定量的齿侧间隙，用 j 表示，实际齿厚比理论齿厚小，用齿厚或公法线长度的负偏差予以保证，也可用塞规测量检验。

图 4-7 所示为直齿圆柱外齿轮各部分名称。

（二）直齿圆柱齿轮基本参数

直齿圆柱齿轮的基本参数有 5 个，分别是齿轮的齿数 z、模数 m、压力角 α、齿顶高系数 h_a^* 和顶隙系数 c^*，其中除了齿数 z 外都已标准化。

① 齿数 z：齿轮上均匀分布的轮齿总数称为齿数。

② 模数 m：齿轮分度圆的周长等于 πd，也等于 pz，即 $\pi d=pz$，则 $d=pz/\pi$，式中 π 为无理数，此时分度圆直径的计算麻烦，所以把 p/π 取成有理数（p 是 π 的整数倍），定义 p/π 为模数，用 m 表示。由于 $d=mz$，模数越大、齿数越大，齿轮的直径就越大，齿轮的抗弯能力就越强。表 4-2 为标准模数的一部分。

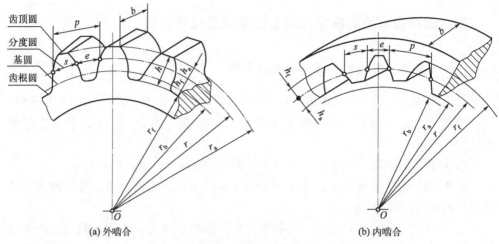

图 4-7 直齿圆柱外齿轮各部分名称示意图

☐ 表 4-2 渐开线圆柱齿轮的标准模数系列   mm

第一系列	1,1.25,1.5,2,2.5,3,4,5,6,8,10,12,16,20,25,32,40,50
第二系列	1.75,2.25,2.75,(3.25),3.5(3.75),4.5,5.5,(6.5),7,9,(11),14,18,22,28,(30),36,45

注：1. 本表适用于渐开线圆柱齿轮，对斜齿轮是指法向模数。
2. 优先采用第一系列，括号里的模数尽量不用。

③ 压力角 α：由于渐开线上压力角 α_K 会随着向径 r_K 的变化而发生变化，压力角太大不利于传力，所以用作齿廓的那段渐开线的压力角不能太大。为了便于设计、制造和维修，把分度圆处的压力角取一适当值并规定为标准值。国家标准规定分度圆压力角 α=20°。此外，也有齿轮采用 14.5°、22.5°等作为标准压力角。

可见，分度圆是具有标准模数和标准压力角的圆，作为渐开线齿轮尺寸计算基准。

④ 齿顶高系数 h_a^* 和顶隙系数 c^*：顶隙 c 是指一对齿轮啮合时，一个齿轮的齿顶圆到另一个齿轮的齿根圆之间的径向距离。顶隙有利于润滑油的流动。轮齿高度取成模数的倍数，在标准齿轮中，取 $h_a = h_a^* m$、$h_f = h_a + c = (h_a^* + c^*)m$。渐开线圆柱齿轮的齿顶高系数和顶隙系数可按表 4-3 选取。

☐ 表 4-3 渐开线圆柱齿轮的齿顶高系数和顶隙系数

名称	正常齿制(标准)	短齿制(非标准)
齿顶高系数 h_a^*	1	0.8
顶隙系数 c^*	0.25	0.3

(三)渐开线标准直齿圆柱齿轮几何尺寸的计算

标准齿轮是指具有标准齿廓参数,并且分度圆齿厚与齿槽宽相等的齿轮。计算公式见表 4-4。

表 4-4 渐开线标准直齿圆柱外齿轮几何尺寸计算公式

名称	代号	公式
模数	m	根据表 4-2 选用标准值
压力角	α	$\alpha = 20°$
齿顶高系数	h_a^*	根据表 4-3 选用标准值
顶隙系数	c^*	根据表 4-3 选用标准值
齿数	z	根据传动比要求选定
分度圆直径	d	$d_1 = mz_1, d_2 = mz_2$
基圆直径	d_b	$d_{b1} = mz_1 \cos\alpha, d_{b2} = mz_2 \cos\alpha$
分度圆齿距	p	$p = \pi m = s + e$
基圆齿距	p_b	$p_b = p\cos\alpha = \pi m \cos\alpha$
齿顶高	h_a	$h_a = h_a^* m$
齿根高	h_f	$h_f = (h_a^* + c^*)m$
齿顶圆直径	d_a	$d_{a1} = d_1 \pm 2h_a = m(z_1 \pm 2h_a^*)$ $d_{a2} = d_2 \pm 2h_a = m(z_2 \pm 2h_a^*)$
齿根圆直径	d_f	$d_{f1} = d_1 \mp 2h_f = m(z_1 \mp 2h_a^* \mp 2c^*)$ $d_{f2} = d_2 \mp 2h_f = m(z_2 \mp 2h_a^* \mp 2c^*)$
标准中心距	a	$a = r_1 + r_2 = \dfrac{m}{2}(z_1 \pm z_2)$

注:表中有"±"或"∓"符号处,上面符号适用于外齿轮,下面符号适用于内齿轮。

四、渐开线标准直齿圆柱齿轮的啮合传动

(一)正确啮合条件

一对渐开线齿轮不仅要保证定传动比传动,而且须使相邻两齿廓协调工作。齿轮机构中的两齿轮在啮合过程中,每对轮齿啮合一段时间后便分离,但在某段时间内,至少同时有两对轮齿相接触,见图 4-8(a),并且前后相邻的两齿廓间既不能发生分离,也不能互相嵌入,只有这样才能保证其正确啮合传动。也就是说,两齿轮在啮合线上相邻两齿同侧齿廓间的距离必须相等,即

$$p_{b1} = p_{b2} \tag{4-4}$$

由于 $p_b = p\cos\alpha = \pi m \cos\alpha$,代入上式可得:

$$m_1\cos\alpha_1 = m_2\cos\alpha_2$$

由前面章节可知，模数和压力角已经标准化，因此要满足上述条件，则必须使

$$\begin{cases} m_1 = m_2 = m \\ \alpha_1 = \alpha_2 = \alpha \end{cases} \tag{4-5}$$

这就是直齿圆柱渐开线齿轮的正确啮合条件，即配对齿轮的模数 m 和压力角 α 分别相等。

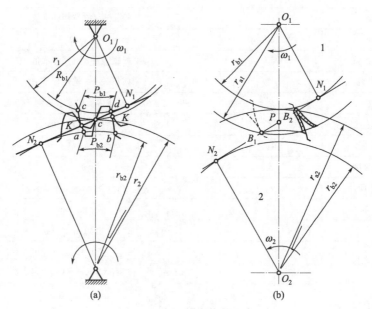

图 4-8 渐开线齿轮的啮合

（二）连续传动的条件

一对齿轮若要实现定传动比的连续传动，只具备两齿轮的法向齿距相等的条件是不够的。因轮齿的高度有限，故参与啮合的区域也是有限的。为实现连续传动，应保证在前一对轮齿尚未脱离啮合时，后一对轮齿就应进入啮合状态。

如图 4-8(b) 所示，主动齿轮 1 按 ω_1 方向运转，其某一对齿廓开始啮合时，总是主动齿轮 1 的齿根推动从动齿轮 2 的齿顶，因此啮合的起始点是从动齿轮 2 的齿顶圆与啮合线的交点 B_2。随着传动的进行，到达主动齿轮 1 的齿顶圆与啮合线交于点 B_1 时，两齿廓即将脱离啮合，故 B_1 点为两轮齿啮合终止点，图 4-8(b) 所示的前一对啮合齿正在此位置。由啮合过程可见，线段 B_1B_2 为一对齿廓啮合点的实际轨迹，又称实际啮合线。当齿高加大时，实际啮合线 B_1B_2 向外延伸，因基圆内没有渐开线，所以实际啮合线不能超过啮合极限点 N_1、N_2，线段 N_1N_2 称为理论啮合线。

从两齿轮的啮合过程可知，要实现连续传动，应保证在实际啮合线上至少有一对齿廓在啮合，即实际啮合线段 B_1B_2 应大于等于法向齿距 p_b。通常把 B_1B_2 与 p_b 的比值称为重合度 ε，可以得到齿轮连续传动的条件为

$$\varepsilon = \frac{B_1B_2}{p_b} \geqslant 1 \tag{4-6}$$

理论分析，ε＝1 就能保证齿轮连续传动。但在实际上难免存在制造和安装误差，为了保证齿轮传动的连续性，应使重合度 ε＞1。重合度大小不仅反映了一对齿轮能否连续传动，也表明了同时参加啮合的轮齿对数的多少。ε＝1 表明该对齿轮传动时，始终有一对轮齿参加啮合，ε＝2 表明始终有两对轮齿参加啮合。当 ε＝1.65 则表明在转过一个齿距 p_b 时间内，有 65％ 的时间有两对轮齿参加啮合，为双齿啮合区，而其余 35％ 的时间内只有一对轮齿参加啮合，为单齿啮合区。齿轮传动的重合度大，说明同时参加啮合的轮齿对数多，对提高齿轮传动的平稳性，提高齿轮传动的承载能力具有重要意义。因此，重合度是衡量齿轮传动性能的重要指标之一。

（三）标准中心距

1. 无侧隙啮合条件

相啮合的一对齿轮除满足正确啮合、连续传动条件，还须考虑轮齿的热膨胀和装配方便等因素。为此，应在齿廓间留有一定的侧向间隙，简称侧隙。侧隙等于一齿轮节圆上的齿槽宽与另一齿轮节圆上齿厚之差。通常情况下侧隙很小，由公差来控制。在设计齿轮和计算名义尺寸时，仍假设没有侧隙存在。由此可见，无侧隙啮合条为：一个齿轮节圆上的齿厚与另一个齿轮节圆上的齿槽宽相等，即 $s'_1 = e'_2$，$s'_2 = e'_1$。

2. 标准中心距

一对正确啮合的标准齿轮，由于一个齿轮的分度圆齿厚与另一齿轮的分度圆齿槽宽相等，所以在安装时，只有使两轮的分度圆相切，即分度圆和节圆重合，才能使齿侧的理论间隙为零，如图 4-9 所示。这时的中心距离称为正确安装的标准中心距。

$$a = a' = r'_1 + r'_2 = r_1 + r_2 = \frac{m}{2}(z_1 + z_2) \tag{4-7}$$

式中，a' 为实际中心距。

因此，当一对标准齿轮标准安装时，其啮合角与压力角相等；但是，当一对标准齿轮非标准安装时，由于 $a \neq a'$，故节圆与分度圆不重合，啮合角与压力角就不相等。当 $a' < a$ 时，一对标准齿轮无法安装。

需注意的是：对于单个齿轮，只有分度圆与压力角，没有节圆与啮合角；只有一对齿轮啮合传动时，才有节圆和啮合角。

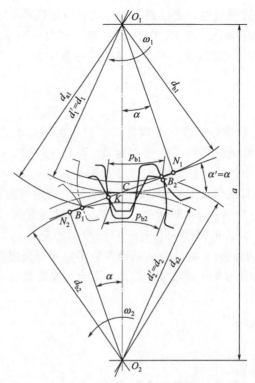

图 4-9 标准齿轮的标准安装

例 4-1 已知一对正常齿制标准安装的外啮合标准直齿圆柱齿轮传动,中心距为 452mm,模数为 8mm,传动比为 3.7。求大、小齿轮的齿数以及主要尺寸。

解:

① 求齿数:

$$a=\frac{m}{2}(z_1+z_2)$$

$$i_{12}=\frac{z_2}{z_1}$$

根据上述两式可得:$z_1=\dfrac{2a}{m(1+i_{12})}=\dfrac{2\times 452}{8\times(1+3.7)}=24.04$

因此,取小齿轮的齿数 $z_1=24$,计算得 $z_2=i_{12}\times z_1=3.7\times 24=88.8$,取大齿轮的齿数为 89。

② 验算传动比(一般要求传动比误差不大于 ±5%,如果大小齿轮的齿数为整数,那么不需要进行验算):

$$i'_{12}=\frac{z_2}{z_1}=\frac{89}{24}=3.71$$

$$\left|\frac{i'_{12}-i_{12}}{i_{12}}\right|\times 100\%=\left|\frac{3.71-3.7}{3.7}\right|\times 100\%=0.27\%<5\%$$

因此，大小齿轮的齿数选择正确。

③ 齿轮的主要尺寸计算：

$d_1=mz_1=8\times 24=192\text{mm}$

$d_2=mz_2=8\times 89=712\text{mm}$

$d_{a1}=d_1+2h_a=m(z_1+2h_a^*)=8\times(24+2\times 1)=208\text{mm}$

$d_{a2}=d_2+2h_a=m(z_2+2h_a^*)=8\times(89+2\times 1)=728\text{mm}$

$d_{f1}=d_1-2h_f=m(z_1-2h_a^*-2c^*)=8\times(24-2\times 1-2\times 0.25)=172\text{mm}$

$d_{f2}=d_2-2h_f=m(z_2-2h_a^*-2c^*)=8\times(89-2\times 1-2\times 0.25)=692\text{mm}$

$d_{b1}=mz_1\cos\alpha=8\times 24\times\cos 20°=180.421\text{mm}$

$d_{b2}=mz_2\cos\alpha=8\times 89\times\cos 20°=669.061\text{mm}$

$s_1=s_2=e_1=e_2=\frac{\pi m}{2}=3.14\times 8\div 2=12.56\text{mm}$

$p=\pi m=3.14\times 8=25.12\text{mm}$

$h_a=h_a^* m=1\times 8=8\text{mm}$

$h_f=(h_a^*+c^*)m=(1+0.25)\times 8=10\text{mm}$

五、渐开线齿轮的加工方法及变位传动

（一）加工方法

齿轮轮齿的加工方法很多，有精密铸造法、模锻法、热轧法、冲压法和切削法等，切削法是生产中最常用的方法，根据加工原理的不同，又可分为仿形法和范成法两类。

1. 仿形法

仿形法是用刀刃形状与齿轮的齿槽形状相同的铣刀或模具加工齿轮。采用的刀具可以分为盘状铣刀［图 4-10(a)］和指状铣刀［图 4-10(b)］。加工齿轮时，主要有两个运动：一个是切削运动，刀具本身绕着轴线的回转运动；另一个是进给运动，每铣削完成一个齿槽，轮坯将转过 $360°/z$，再加工下一个齿槽。由于渐开线齿廓的形状取决于基圆的大小，即 m、z 和 α 的大小。当压力角 $\alpha=20°$ 时，可以根据 m 和 z 选择铣刀。理论上，用仿形法加工齿轮时一把铣刀只能精确地加工出模数和压力角与刀具相同的一种齿数的齿轮，该齿轮被称为精确齿轮。而实际生产中，为减少刀具的数量，每把铣刀要加工出与精确齿轮齿数接近的一定范围内的齿数。所以，采用这种方法所加工的齿轮精度低，生产效率低，只适合加工单件、小批量且精度要求不高的齿轮。

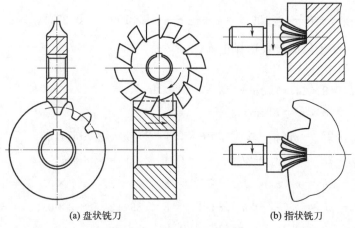

(a) 盘状铣刀　　　　　　　(b) 指状铣刀

图 4-10　仿形法加工齿轮

2. 范成法

范成法又称展成法，范成法是利用一对齿轮（或齿轮与齿条）互相啮合时其共轭齿廓互为包络线的原理来切齿的。如果把其中一个齿轮（或齿条）做成刀具，就可以切出与其共轭的渐开线齿廓。范成法加工齿轮时，用同一把刀具，通过调节传动比，就可以加工相同模数、相同压力角、不同齿数的齿轮。范成法常用的刀具有齿轮插刀、齿条插刀和齿轮滚刀。

（1）齿轮插刀

如图 4-11(a) 所示，齿轮插刀是一个具有渐开线齿形而模数与被加工齿轮相同的刀具。在加工过程中，齿轮插刀做上下往复的切削运动，同时齿轮插刀和轮坯之间严格保持着一对齿轮的啮合关系而相互转动，在转动的过程中逐渐加工齿轮的轮齿，其齿形的范成过程如图 4-11(b) 所示。内齿轮和双联齿轮都使用这种方法加工。

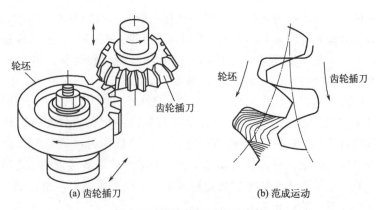

(a) 齿轮插刀　　　　　　　(b) 范成运动

图 4-11　用齿轮插刀加工齿轮

（2）齿条插刀

图 4-12 所示是用齿条插刀切制齿轮的情形。当齿轮插刀齿数增加到无穷大时，其基圆半径变为无穷大，齿轮插刀就变成了齿条插刀。其范成原理与齿轮插刀一样。同一把插刀可以加工任意齿数的轮坯，且齿形准确。其他运动与齿轮插刀切齿时的情况类似。齿条插刀和齿轮插刀都属于插齿方法加工齿轮，其精度较高，可以达到 6～7 级精度，但它的加工过程不完全连续，生产率较低。

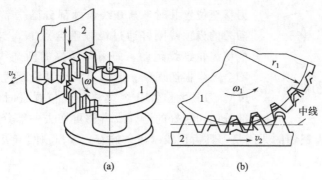

图 4-12　齿条插刀加工齿轮

（3）齿轮滚刀

如图 4-13(a) 所示，齿轮滚刀相当于一个螺旋杆，沿轴向刻槽形成刀刃而制成，其轴向剖面为具有直线齿廓的齿条 [图 4-13(b)]。用齿轮滚刀切削齿轮时，轮坯与齿轮滚刀分别绕本身轴线以所需的角速度转动，其运动关系与齿轮与齿条啮合一样，此外齿轮滚刀又沿着轮坯的轴向进刀（垂直进给运动），以便将全齿长加工出来。因为齿轮滚刀呈螺旋形状，所以安装齿轮滚刀时齿轮滚刀的轴线要倾斜一个角度，以便切削处螺旋线的方向与轮齿方向一致。滚齿方法加工齿轮是连续的过程，生产效率高，所以在大批量生产中更广泛地采用在滚齿机上用齿轮滚刀加工齿轮的方法。

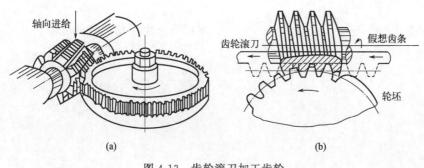

图 4-13　齿轮滚刀加工齿轮

（二）根切与最少齿数

用范成法加工齿轮，当齿数太少时，刀具的齿顶将切入轮齿的根部，将齿根的渐开线齿廓切去一部分，这种现象叫作根切，如图 4-14 所示。由于一部分渐开线齿廓被切去，轮齿齿根部分的抗弯强度会降低，齿轮传动的重合度也会降低，不利于传动，应尽量避免。

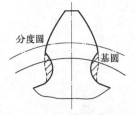

图 4-14 齿轮的根切现象

如图 4-15 所示，刀刃由位置 I 开始进入切削，当刀刃移至位置 II 时，渐开线齿廓部分已全部切出。若齿条插刀的齿顶线刚好通过极限啮合点 N_1，则齿条插刀和被切齿轮继续运动，刀刃与切好的渐开线齿廓相分离，不会产生根切现象。但当刀具齿顶线超过了极限啮合点 N_1，刀具由位置 II 继续移动到位置 III 时，刀具将齿根部分已切制好的渐开线齿廓再切去一部分，造成轮齿的根切现象。轮齿根切的原因是刀具齿顶线（齿条插刀）或齿顶圆（齿轮插刀）超过了极限啮合点 N_1。

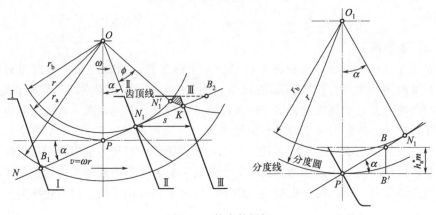

图 4-15 轮齿的根切

因为 $PB_2 = \dfrac{h_a^* m}{\sin\alpha}$、$PN_1 = \dfrac{mz_1 \sin\alpha}{2}$，根据不产生根切的条件可得

$$\frac{h_a^* m}{\sin\alpha} \leqslant \frac{mz_1 \sin\alpha}{2}$$

即

$$z_1 \geqslant \frac{2h_a^*}{\sin^2\alpha} \tag{4-8}$$

由于正常齿制和短齿制中的 h_a^* 和 α 为定值，故不产生根切的最少齿数 $z_{\min}=17$。若允许正常齿制的齿轮有微量根切，则 $z_{\min}=14$。

（三）变位齿轮

1. 变位原理

当齿条插刀加工标准齿轮时，齿条插刀的中线和轮坯的分度圆相切，加工出来的齿轮分度圆上的齿距（或模数）必然与齿条插刀的齿距（或模数）相等。分度圆上的压力角与齿条插刀的刀具角 α 相等。分度圆上的齿厚 s 与齿槽宽 e 相等，即 $s=e=p/2$。如果在切削齿轮时，轮坯的分度圆不与齿条插刀的中线相切，而是与齿条插刀的另一条分度线（即机床节线）相切，则加工出来的齿轮分度圆上的齿厚 s' 与齿槽宽 e' 不相等，即 $s'\neq e\neq p/2$，这样的齿轮称为变位齿轮。

2. 变位齿轮的类型和特点

因为切削中齿条插刀的分度线（机床节线）与轮坯分度圆做纯滚动，而齿条插刀上任一与中线平行的线上的齿距是相同的，刀具角（即压力角）α 不变，所以变位齿轮的分度圆齿距（或模数）、压力角与齿条插刀的相同。刀具相对于切削标准齿轮时的刀具的位置径向改变量称为变位量，以 xm 表示，x 称为变位系数，m 为模数。如图 4-16 所示，刀具中线相对轮坯中心远移称为正变位，取 x 为正值，所切出的齿轮称为正变位齿轮；近移称为负变位，取 x 为负值，所切出的齿轮称为负变位齿轮。

变位齿轮的齿数、模数、压力角、分度圆和基圆与标准齿轮的一样，无变化。因为是同一个基圆，标准齿轮、变位齿轮使用同一条渐开线（图 4-16），只是使用的部位有所不同，因此变位齿轮的齿顶圆、齿根圆、齿厚等与标准齿轮的不同。变位前后全齿高基本不变，相比标准齿轮，正变位齿轮使用了稍远处的渐开线段，负变位齿轮使用稍微近处的。

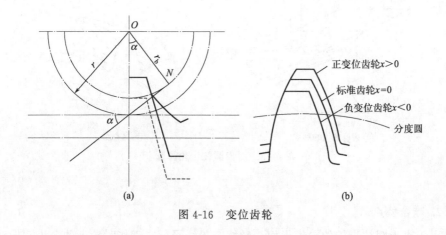

图 4-16 变位齿轮

变位齿轮可以凑配齿轮的中心距，正变位可减小不根切的最小齿数，在一定范围内避免根切。合理设计变位齿轮可以提高齿轮的强度和承载能力，改善齿轮的耐磨性和抗胶合性能。

六、斜齿圆柱齿轮机构

（一）斜齿轮的齿廓曲面与啮合特点

1. 齿廓曲面的形成

直齿圆柱齿轮的渐开线齿形是其端面齿形，其齿廓的形成过程如图 4-17 所示，当与基圆柱相切的发生面 S 绕基圆面做纯滚动时，发生面上一条与基圆柱母线 NN' 平行的直线 KK' 的轨迹为一渐开线曲面（KK' 上任一点的轨迹均为一条渐开线），对称的两反向渐开线曲面即构成了直齿圆柱齿轮的一个齿廓。斜齿圆柱齿轮齿廓曲面的形成与其相似，但直线 KK' 不与母线 NN' 平行，而是与之成一夹角 β_b，如图 4-18 所示。当发生面 S 绕基圆柱做纯滚动时，在空间形成一螺旋形的渐开螺旋面，即为斜齿圆柱齿轮齿廓曲面。β_b 称为基圆柱上的螺旋角。

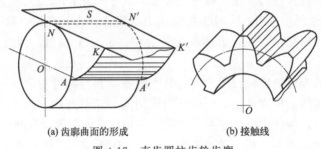

(a) 齿廓曲面的形成　　(b) 接触线

图 4-17　直齿圆柱齿轮齿廓

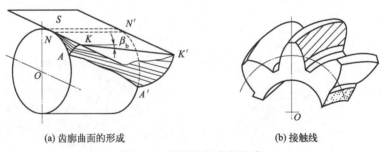

(a) 齿廓曲面的形成　　(b) 接触线

图 4-18　斜齿圆柱齿轮齿廓

2. 啮合特点

由于直齿圆柱齿轮的轮齿齿面接触线与母线平行，工作时轮齿的全齿宽同时进入啮合，同时脱离啮合，其承载和卸载都是突发性的，即轮齿承受突变的力，所以在传动中有振动、冲击和噪声。而斜齿圆柱齿轮的齿面接触线 KK' 与母线 NN' 不平行，在传动过程中，啮合线的长度由零逐渐增加到最长，又逐渐减小到零，即斜齿轮的受力不具有突变性，所以斜齿轮的传动比直齿轮更加平稳，承载能力更大。

（二）斜齿圆柱齿轮的基本参数和几何尺寸

斜齿圆柱齿轮的几何参数可以分为端面参数和法向参数两种。法向面是指垂直于轮齿螺旋线方向的平面，轮齿的法向齿形与刀具相同，故国标规定法向参数为标准参数。端面是指垂直于轴线的平面，端面齿形与直齿轮相同，可直接采用直齿轮的几何尺寸计算公式计算斜齿轮的几何尺寸，也称端面参数为计算参数。

1. 斜齿圆柱齿轮的基本参数

（1）螺旋角

渐开线螺旋曲面被不同圆柱面所截的螺旋线有不同大小的螺旋角。前面所讲的螺旋角 β_b 是渐开线螺旋曲面被基圆柱所截的螺旋角；渐开线螺旋曲面被分度圆柱所截的为分度圆螺旋角，用 β 表示。螺旋角 β 的值越大，传动越平稳，但齿轮的轴向力也越大，所以螺旋角 β 的取值范围一般为 $\beta=8°\sim20°$。β_b、β 的关系为 $\tan\beta_b=\tan\beta\cos\alpha_n$，$\alpha_n$ 为斜齿轮法向压力角。当 $\beta=0$ 时为直齿轮，是斜齿轮的特例。

按轮齿螺旋线的旋向不同，斜齿轮可以分为左旋[图 4-19(a)]和右旋[图 4-19(b)]两种。其判别方法是：沿齿轮轴线方向看，若齿轮螺旋线右边高即为右旋，反之则为左旋。

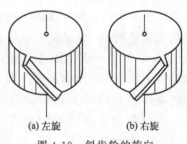

图 4-19　斜齿轮的旋向

（2）模数

由于斜齿轮的轮齿是倾斜的，斜齿轮的端面齿形与法向面上的齿形不同，所以斜齿轮的模数分为端面模数和法向模数。

端面齿距除以圆周率即为端面模数 m_t，法向面齿距除以圆周率即为法向模数 m_n，即

$$m_t=\frac{p_t}{\pi}$$

$$m_n=\frac{p_n}{\pi}$$

又因为

$$p_n=p_t\cos\beta$$

所以

$$m_n = m_t \cos\beta \tag{4-9}$$

(3) 压力角

在斜齿轮中，α_n 和 α_t 分别表示法向压力角和端面压力角，它们之间的关系如下：

$$\tan\alpha_n = \tan\alpha_t \cos\beta \tag{4-10}$$

(4) 齿顶高系数和顶隙系数

斜齿轮中，法向齿顶高和齿根高与端向齿顶高和齿根高均相同，即

$$h_a = h_{an}^* m_n = h_{at}^* m_t$$
$$h_f = (h_{an}^* + c_n^*) m_n = (h_{at}^* + c_t^*) m_t \tag{4-11}$$

式中，正常齿制齿轮中，$h_{an}^* = 1$，$c_n^* = 0.25$；短齿制齿轮中，$h_{an}^* = 0.8$，$c_n^* = 0.3$。

(5) 当量齿数

如图 4-20 所示，过斜齿轮分度圆上一点 C 作齿的法向剖面 N—N，该平面与分度圆柱面的交线为一椭圆，以椭圆在 C 点的曲率半径 ρ 为分度圆半径，以斜齿轮的法向模数 m_n 为模数，以法向压力角 α_n 为压力角作一直齿圆柱齿轮，其齿形最接近于斜齿轮的法向齿形，则称这一假想的直齿圆柱齿轮为该斜齿轮的当量齿轮，其齿数为该斜齿轮的当量齿数，用 z_v 表示，推导整理得

$$z_v = \frac{z}{\cos^3\beta} \tag{4-12}$$

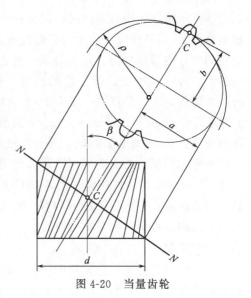

图 4-20 当量齿轮

2. 标准斜齿轮主要几何参数的计算

标准斜齿轮主要几何参数的计算可参考表 4-5。

表 4-5 渐开线标准斜齿圆柱齿轮传动的几何尺寸计算

名称	符号	计算式及参数
端面模数、法向模数	m_t、m_n	$m_n = m_t \cos\beta$
螺旋角	β	一般 $\beta = 8° \sim 20°$
端面压力角、法向压力角	α_t、α_n	$\alpha_t = \arctan\dfrac{\tan\alpha_n}{\cos\beta}$
分度圆直径	d_1、d_2	$d_1 = m_t z_1 = m_n z_1 / \cos\beta$，$d_2 = m_t z_2 = m_n z_2 / \cos\beta$
齿顶高	h_a	$h_a = h_{an}^* m_n = m_n$

续表

名称	符号	计算式及参数
齿根高	h_f	$h_f=(h_{an}^*+c_n^*)m_n=1.25m_n$
齿全高	h	$h=h_a+h_f=2.25m_n$
齿顶间隙	c	$c=h_f-h_a=0.25m$
齿顶圆直径	d_{a1}、d_{a2}	$d_{a1}=d_1\pm 2h_a=m_n(z_1\pm 2h_{an}^*)$ $d_{a2}=d_1\pm 2h_a=m_n(z_2\pm 2h_{an}^*)$
齿根圆直径	d_{f1}、d_{f2}	$d_{f1}=d_1\mp 2h_f=m_n(z_1\mp 2h_{an}^*\mp 2c_n^*)$ $d_{f2}=d_2\mp 2h_f=m_n(z_2\mp 2h_{an}^*\mp 2c_n^*)$
中心距	a	$a=r_1+r_2=\dfrac{m_t}{2}(z_1\pm z_2)=\dfrac{m_n}{2\cos\beta}(z_1\pm z_2)$

注：表中有"±"或"∓"符号处，上面符号适用于外齿轮，下面符号适用于内齿轮。

（三）斜齿圆柱齿轮正确啮合的条件

一对标准斜齿轮传动的正确啮合条件是：除了两个齿轮的法向模数及法向压力角应分别相等外，它们的螺旋角还必须匹配。因此，一对标准斜齿轮传动的正确啮合的条件为

$$\left.\begin{array}{l}m_{n1}=m_{n2}=m_n\\ \alpha_{n1}=\alpha_{n2}=\alpha_n\\ \beta_1=\pm\beta_2\end{array}\right\} \tag{4-13}$$

式中，"−"表示外啮合的两斜齿轮旋向相反；"+"表示外啮合的两斜齿轮旋向相同。

若外啮合斜齿圆柱齿轮满足前两个条件，不满足第三个旋向条件，则为交错轴斜齿轮传动。

例 4-2 已知一对正常齿制外啮合标准斜齿轮传动，中心距 $a=220$mm，齿数 $z_1=26$、$z_2=60$，法向模数 $m_n=5$mm，试求这对斜齿轮螺旋角 β，分度圆直径 d_1、d_2，齿顶圆直径 d_{a1}、d_{a2}。

解：

① 计算螺旋角 β：

根据表 4-5 得知，中心距 a 的计算公式为

$$a=\frac{m_n}{2\cos\beta}(z_1+z_2)$$

则

$$\beta=\arccos\frac{m_n(z_1+z_2)}{2a}=\arccos\frac{5\times(26+60)}{2\times 220}=12°14'19''$$

② 计算分度圆直径 d_1、d_2：

$$d_1=m_\mathrm{t}z_1=m_\mathrm{n}z_1/\cos\beta=5\times26/\cos12°14'19''=133.02\mathrm{mm}$$

$$d_2=m_\mathrm{t}z_2=m_\mathrm{n}z_2/\cos\beta=5\times60/\cos12°14'19''=306.98\mathrm{mm}$$

③ 计算齿顶圆直径 d_{a1}、d_{a2}：

$$d_{a1}=d_1+2h_a=m_\mathrm{n}(z_1+2h_{an}^*)=133.02+2\times1\times5=143.02\mathrm{mm}$$

$$d_{a2}=d_1+2h_a=m_\mathrm{n}(z_2+2h_{an}^*)=306.98+2\times1\times5=316.98\mathrm{mm}$$

七、标准直齿锥齿轮机构

（一）锥齿轮

1. 概述

锥齿轮用于轴线相交的传动中，两条轴线的交角 Σ 可根据工作要求确定，最常用的交角为 90°。在圆柱齿轮中，轮齿分布在圆柱面上，而锥齿轮的轮齿分布在圆锥面上，轮齿的齿形由大端到小端逐渐缩小。锥齿轮有直齿、斜齿和曲齿三种。

2. 直齿锥齿轮的当量齿数

锥齿轮齿廓的形成与圆柱齿轮相似，区别在于锥齿轮的基圆锥代替了圆柱齿轮的基圆柱。如图 4-21 所示，直齿锥齿轮的齿廓曲线是球面渐开线，球面渐开线不能展成平面曲线，给设计、制造带来麻烦。因此，常用近似曲线来代替球面渐开线。

在直齿锥齿轮传动设计中，为方便起见，通常以轮齿大端齿形为基准，如图 4-22 所示。过大端分度圆作球面的切圆锥即为背锥，背锥的母线与分度圆锥的母线相垂直。将背锥展成一个扇形齿轮，并将其补全，即为完整的圆柱齿轮，这是一个假想的直齿圆柱齿轮。该齿轮的齿廓为锥齿轮大端球面渐开线的近似曲线，其模数和压力角为锥齿轮大端背锥面齿廓的模数和压力角。该圆柱齿轮称为锥齿轮的当量齿轮，其齿数称为当量齿数。

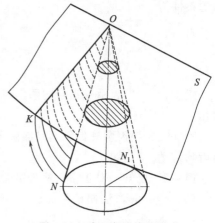

图 4-21 球面渐开线的形成

（二）直齿锥齿轮的基本参数和几何尺寸

1. 锥齿轮的基本参数

直齿锥齿轮有大端和小端，由于大端的尺寸较大，测量和计算时的相对误差较小，故通常取大端的参数为标准值，即大端的模数为标准模数（见表 4-6），大端

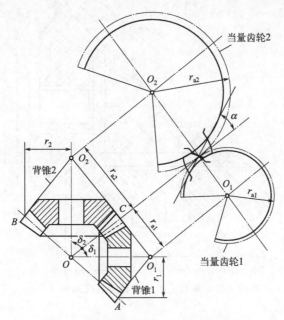

图 4-22　直齿锥齿轮的背锥和当量齿轮

压力角 $\alpha=20°$，齿顶高系数和顶隙系数分别为：正常齿制，$h_a^*=1.0$，$c^*=0.2$；短齿制，$h_a^*=0.8$，$c^*=0.3$。在设计中，一般应使两锥齿轮的齿宽 b 相等。另外为了便于切齿，齿宽 b 不能太大，它与锥距（分度圆锥上母线的长度）R 应保持一定比例关系，即

$$\psi_b=\frac{b}{R}$$

式中，ψ_b 为齿宽系数，一般取值范围为 $0.25\sim0.35$。

表 4-6　锥齿轮标准模数　　　　　　　　　　　　　　　　　　　　　　mm

1	1.125	1.25	1.375	1.5	1.75	2	2.25	2.5	2.75
3	3.25	3.5	3.75	4	4.5	5	5.5	6	6.5
7	8	9	10	11	12	14	16	18	20
22	25	28	30	32	36	40	45	50	

2. 锥齿轮主要几何参数的计算

图 4-23 所示为标准直齿锥齿轮传动的几何尺寸，它们的节圆锥与分度圆锥重合，轴交角 $\Sigma=90°$。它们的各部分名称和几何尺寸的计算公式如表 4-7 所示。

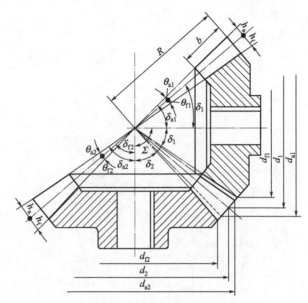

图 4-23 标准直齿锥齿轮传动的几何尺寸

表 4-7 正交（$\Sigma = 90°$）标准直齿锥齿轮的几何尺寸计算

名称	符号	计算公式及参数选择
模数	m	以大端模数为标准值
传动比	i	$i = z_2/z_1 = \tan\delta_2 = \cot\delta_1$
分度圆锥角	δ_1, δ_2	$\delta_2 = \arctan(z_2/z_1), \delta_1 = 90° - \delta_2$
分度圆直径	d_1, d_2	$d_1 = mz_1, d_2 = mz_2$
齿顶高	h_a	$h_a = h_a^* m = m$
齿根高	h_f	$h_f = (h_a^* + c^*)m = 1.2m$
齿全高	h	$h = h_a + h_f = 2.2m$
齿顶间隙	c	$c = mc^* = 0.2m$
齿顶圆直径	d_{a1}, d_{a2}	$d_{a1} = d_1 + 2m\cos\delta_1, d_{a2} = d_2 + 2m\cos\delta_2$
齿根圆直径	d_{f1}, d_{f2}	$d_{f1} = d_1 - 2.4m\cos\delta_1, d_{f2} = d_2 - 2.4m\cos\delta_2$
锥距	R	$R = \sqrt{r_1^2 + r_2^2} = 0.5m\sqrt{z_1^2 + z_2^2} = d_1/2\sin\delta_1 = d_2/2\sin\delta_2$
齿宽	b	$b \leqslant R/3$
齿顶角、齿根角	θ_a, θ_f	$\theta_a = \arctan(h_a/R), \theta_f = \arctan(h_f/R)$
根锥角	δ_{f1}, δ_{f2}	$\delta_{f1} = \delta_1 - \theta_{f1}, \delta_{f2} = \delta_2 - \theta_{f2}$
顶锥角	δ_{a1}, δ_{a2}	$\delta_{a1} = \delta_1 + \theta_{a1}, \delta_{a2} = \delta_2 + \theta_{a2}$

八、蜗轮蜗杆机构

（一）蜗杆传动的特点与类型

蜗杆传动是在空间交错的两轴间传递运动和动力的一种传动机构，两轴线交错的夹角可为任意值，常用的为 90°。蜗杆传动广泛应用于各种机器和仪器中，蜗杆传动的主要优点是能实现大的传动比、结构紧凑、传动平稳和噪声低等。在动力传动中，一般传动比 $i=5\sim80$；在分度机构或手动机构的传动中，传动比可达 300，若只传递运动，传动比可达 1000。蜗杆传动的主要缺点是效率低；为了减摩耐磨，蜗轮轮圈常需用青铜制造，成本较高。

如图 4-24 所示，根据蜗杆形状的不同，蜗杆传动可以分为圆柱蜗杆传动、锥蜗杆传动和环面蜗杆传动等。

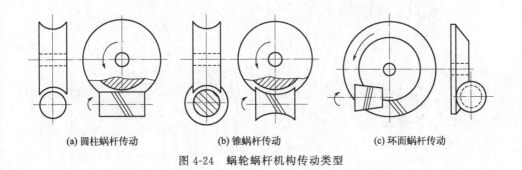

(a) 圆柱蜗杆传动　　(b) 锥蜗杆传动　　(c) 环面蜗杆传动

图 4-24　蜗轮蜗杆机构传动类型

圆柱蜗杆按其螺旋面的形状可分为阿基米德蜗杆（ZA 蜗杆）和渐开线蜗杆（ZI 蜗杆）。机械中常用阿基米德蜗杆。在制造此蜗杆时，刀刃顶平面始终通过蜗杆轴线。如图 4-25 所示，该蜗杆在轴向剖面 $I-I$ 内具有梯形齿条形的直齿廓，而

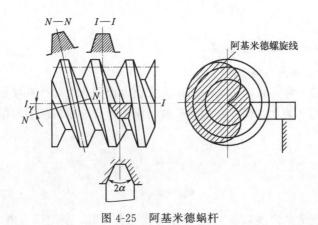

图 4-25　阿基米德蜗杆

在法向剖面 $N—N$ 内齿廓外凸，在垂直于轴线的截面（端面）上，齿廓曲线为阿基米德螺旋线。该蜗杆齿形称为齿形 A，故称为阿基米德蜗杆（ZA 蜗杆）。因其加工和测量较方便，故在导程角 γ 较小（一般 $\gamma \leqslant 15°$）和无磨削加工情况下应用广泛。

（二）普通圆柱蜗杆传动的基本参数和几何尺寸

如图 4-26 所示，在中间平面上，普通圆柱蜗杆传动就相当于齿条与齿轮的啮合传动，故在设计蜗杆传动时，均取中间平面上的参数（如模数、压力角等）和尺寸（如齿顶圆、分度圆等）为基准，并沿用齿轮传动的计算关系。

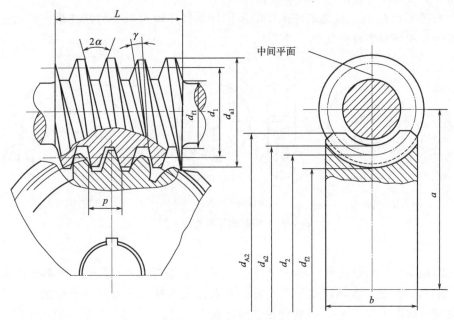

图 4-26　普通圆柱蜗杆传动

1. 圆柱蜗杆传动的主要参数

（1）模数 m 和压力角 α

和齿轮传动一样，蜗杆传动的几何尺寸也以模数为主要计算参数。蜗杆和蜗轮啮合时，在中间平面上，蜗杆的轴面模数、压力角应与蜗轮的端面模数、压力角相等，即

$$m_{a1} = m_{t2} = m$$

$$\alpha_{a1} = \alpha_{t2} = \alpha$$

为了方便制造，把模数 m 规定为标准值（表 4-8），规定压力角 $\alpha = 20°$。

表 4-8 圆柱蜗杆传动的 m、d_1 及 $m^2 d_1$ 值

m/mm	d_1/mm	$m^2 d_1$/mm³	m/mm	d_1/mm	$m^2 d_1$/mm³
1	18	18	6.3	(50)63 (80)112	1985 2500 3175 4445
1.25	20 22.4	31.25 35	8	(63)80 (100)140	4032 5120 6400 8960
1.6	20 28	51.2 71.68	10	(71)90 (112)160	7100 9000 11200 16000
2	(18)22.4 (28)35.5	72 89.6 112 142	12.5	(90)112 (140)200	14062 17500 21875 31250
2.5	(22.4)28 (35.5)45	140 175 221.9 281.3	16	(112)140 (180)250	28672 35840 46080 64000
3.15	(25)31.5 (40)56	248 313 3975 56	20	(140)160 (224)315	56000 64000 89600 126000
4	(31.5)40 (50)71	504 640 800 1136	25	(180)200 (280)400	112500 125000 175000 250000
5	(40)50 (63)90	1000 1250 1575 2250	40	(180)200 (280)400	288000 320000 448000 640000

注：括号中的 d 值是第二系列，其余是第一系列，应优先采用第一系列。

（2）蜗杆的分度圆直径 d_1

前已述及，为了保证蜗杆与蜗轮正确啮合，常用与蜗杆尺寸相同的滚刀加工与其配合的蜗轮。对于模数相同、直径不同的蜗杆，就会出现多种尺寸的滚刀。为了限制滚刀数目和便于标准化，对某一模数规定有限数目的蜗杆直径 d_1，见表 4-8。

蜗杆的直径 d_1 与模数 m 的比值称为直径系数 q，可表示为

$$q = \frac{d_1}{m} \tag{4-14}$$

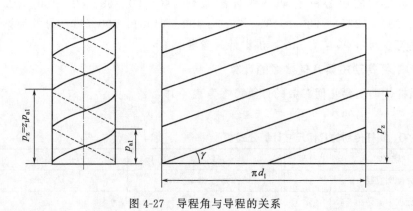

图 4-27 导程角与导程的关系

(3) 蜗杆头数 z_1 和蜗轮齿数 z_2

蜗杆头数 z_1 和蜗轮齿数 z_2 可根据传动比和效率来选定。要求传动比 i 较大时，宜选用较少的蜗杆头数，常取 $z=1$，传动的结构紧凑。但随着蜗杆头数减少，导程角 γ 减小，传动效率降低。当传递功率较大或效率要求高时，宜增加蜗杆头数。但随着蜗杆头数增多，蜗杆的加工越来越困难。蜗杆头数 z_1 常取 1、2、4、6。蜗轮齿数 $z_2=iz_1$，z_1、z_2 的推荐值参考表 4-9。

▫ 表 4-9 蜗杆头数 z_1 与蜗轮齿数 z_2 的推荐值

$i=z_2/z_1$	z_1	z_2	$i=z_2/z_1$	z_1	z_2
5～6	6	30～36	13.5～31	2	27～62
7～20	4	28～80	29～80	1	29～80

(4) 导程角 γ

由图 4-27 可看出蜗杆螺旋面沿分度圆柱展开情况，可得

$$\tan\gamma = \frac{z_1 p_{a1}}{\pi d_1} = \frac{z_1 \pi m}{\pi d_1} = \frac{z_1 m}{d_1} = \frac{z_1}{q} \tag{4-15}$$

式中 γ——蜗杆分度圆上导程角；

p_a——蜗杆轴向齿距。

导程角直接影响传动效率和加工工艺。导程角越大，传动效率越高，但加工越困难。

(5) 标准斜齿轮主要几何参数的计算

标准斜齿轮主要几何参数的计算可参考表 4-5。

蜗杆分度圆和节圆重合的传动称为标准蜗杆传动。蜗杆传动的标准中心距计算式为

$$a = d_1 + d_2 = \frac{1}{2}(q+z_2)m \tag{4-16}$$

蜗杆传动的中心距有如下的标准系列：40、50、63、80、100、125、160、(180)、200、(225)、280、315、(355)、400、(450)、500（带括号的为第二系列或非优先系列），单位为 mm，供设计时参考。

2. 蜗杆传动主要几何参数的计算

蜗杆传动主要几何参数的计算可参考表 4-10。

▫ 表 4-10 蜗杆传动的几何尺寸计算公式

名称	符号	蜗杆	蜗轮
分度圆直径	d	$d_1 = mz_1/\tan\gamma = mq$	$d_2 = mz_2$
标准中心距	a	$a = d_1 + d_2$	

续表

名称	符号	蜗杆	蜗轮
齿顶高	h_a	$h_{a1}=h_a^* m=m$	$h_{a2}=h_a^* m=m$
齿根高	h_f	$h_{f1}=(h_a^*+c^*)m=1.2m$	$h_{f2}=(h_a^*+c^*)m=1.2m$
全齿高	h	\multicolumn{2}{c}{$h=h_a+h_f=2.2m$}
齿顶间隙	c	\multicolumn{2}{c}{$c=0.2m$}
齿顶圆直径	d_a	$d_{a1}=m(q+2)$	$d_{a2}=m(z_2+2)$
齿根圆直径	d_f	$d_{f1}=m(q-2.4)$	$d_{f1}=m(z_2-2.4)$
蜗杆分度圆柱导程角	γ	$\gamma=\arctan(z_1 m/d_1)$	—
蜗轮分度圆柱螺旋角	β	—	$\beta=\gamma$
蜗轮齿宽	b	—	当 $z_1=1,2$ 时,$b \leqslant 0.75 d_{a1}$ $z_1=4\sim6$ 时,$b \leqslant 0.67 d_{a1}$
蜗轮齿宽角	θ		$\theta=2\arcsin(b/d_1)$
蜗杆螺旋部分长度	L	$z_1=1,2$ 时,$L=(12+0.1z_2)m$; $z_1=4\sim6$ 时,$L=(13+0.1z_2)m$; 磨削蜗杆的加长当量 Δ: $m<10$mm 时,$\Delta=15\sim25$mm $m<10\sim16$mm 时,$\Delta=35$mm $m>16$mm 时,$\Delta=50$mm	

九、齿轮失效形式、材料、精度

（一）齿轮的失效形式

齿轮的失效主要发生在轮齿部分。齿轮的其他部分通常是根据经验确定尺寸，下面介绍轮齿的几种主要失效形式。

1. 轮齿折断

轮齿折断是轮齿失效中最危险的一种形式。它不仅导致齿轮丧失工作能力，而且可能引起设备和人身安全事故。一般轮齿折断可分为疲劳折断和过载折断两种。

（1）疲劳折断

处于啮合状态的轮齿受力情况类似于变截面悬臂梁，齿根处的应力最大。对于单齿侧工作的齿轮，齿根处的应力为脉动循环变应力；对于双齿侧工作的齿轮，齿根处的应力为对称循环变应力。在这种周期性变应力的作用下，齿根处产生疲劳裂纹并逐步扩展，导致齿根弯曲疲劳折断。为了避免在预期工作寿命内出现齿根弯曲疲劳折断，应该使轮齿满足齿根弯曲疲劳强度计算准则，即 $\sigma_F \leqslant [\sigma_F]$。

（2）过载折断

轮齿因为短期过载或冲击过载而引起的轮齿突然折断，称为过载折断。用淬火钢或铸铁制成的轮齿易发生这种失效。齿宽较小的齿轮通常发生整齿折断；齿宽较大的轮齿则可能会由于偏载而出现局部折断；斜齿轮和人字齿轮，由于接触线倾斜，轮齿通常是局部折断。为了避免轮齿出现过载折断，轮齿的模数不宜过小，要尽量减小偏载和外部冲击，应该考虑设计过载安全保护装置。

2. 齿面点蚀

轮齿工作时，工作齿面上某点的应力是由零（远离啮合点时）逐渐增加到某一最大值（该点进入啮合时），即齿面接触应力是脉动循环变应力。在变应力作用下，齿面的初始疲劳裂纹逐渐扩展，导致齿面金属微粒剥落而呈现众多麻点状凹坑，这种现象称为齿面点蚀，齿面点蚀通常首先出现在节点附近靠近齿根部分的表面上，然后向齿根、齿顶发展。点蚀是润滑良好的闭式传动常见的失效形式，它使齿面啮合恶化，影响传动的平稳性并产生振动和噪声。开式传动没有点蚀现象，这是由于齿面磨粒磨损比点蚀发展得快。

为避免在预期使用寿命内发生齿面点蚀，设计时应该满足齿面接触疲劳强度计算准则，即 $\sigma_H \leqslant [\sigma_H]$。提高齿面硬度和改善润滑油的性能等可提高抗点蚀的能力。

3. 齿面胶合

在重载齿轮传动中，齿轮表面常常因为温度过高，两齿面的金属发生局部焊接，后又因为相对滑动而被撕裂下来，使齿面呈现条状的粗糙沟痕，这种现象称为胶合。

高速重载条件下工作的齿轮，由于其相对滑动速度大，齿体温升过高，使润滑油膜破裂而产生的胶合，称为热胶合。

低速重载条件下工作的齿轮，齿体温度不高，但由于齿面应力过大、相对滑动速度小而不易形成润滑油膜，使接触处产生局部高温而发生的胶合，称为冷胶合。

采用减摩和极压性能好的润滑油、提高齿面硬度、降低齿面粗糙度、选用不同牌号的材料配对、配对齿轮保持一定的齿面硬度差，这些措施可减缓和防止齿面胶合。

4. 齿面磨损

相对滑动的两齿面间落入较硬的颗粒（如铁屑、砂粒等）时，齿面将会产生严重磨损，从而破坏渐开线齿廓形状，降低工作平稳性；同时齿厚减薄，容易导致轮齿折断。齿面磨损是开式齿轮传动的主要失效形式之一。

采用闭式传动或加防护罩、改善润滑条件、保持油品清洁、采用硬齿面、降低齿面粗糙度等，可有效地减轻或防止齿面磨损。

5. 齿面塑性流动

由于接触应力过大，齿面材料在摩擦力作用下，发生塑性流动，导致齿形破坏而失效，这种现象称为齿面塑性流动。

为避免出现齿面塑性流动,在设计中应该满足齿面接触静强度计算准则,即
$$\sigma_{Hmax} \leqslant [\sigma_{Hmax}]$$
适当提高齿面硬度,采用减摩性能好的润滑油,可防止或减轻齿面塑性流动。

从以上分析可知,在不同的载荷和工作条件下,齿轮传动可能出现不同的失效形式。常见的失效形式如图 4-28 所示。

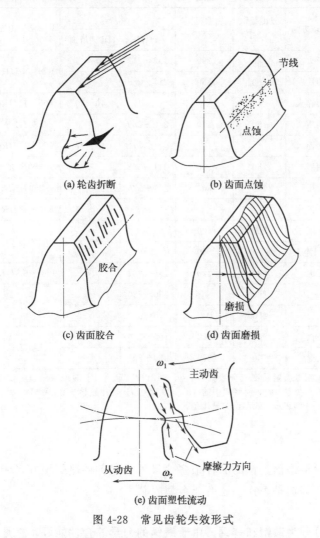

图 4-28　常见齿轮失效形式

对于不同失效形式的齿轮传动,有不同的设计依据和计算方法。目前比较成熟和常用的是齿面接触疲劳强度计算和齿根弯曲疲劳强度计算。

（二）齿轮材料选择

由轮齿的失效形式可知,齿面应具有较高的抗疲劳点蚀、耐磨损、抗胶合以及

抗塑性流动的能力，齿根要有较高的抗折断能力。因此，齿轮材料应具有齿面硬度高、齿芯韧性好的基本性能。此外，还应具有良好的加工性能，以便获得较高的表面质量和精度，而且热处理变形小。常用的齿轮材料及其力学性能见表 4-11。

表 4-11 常用的齿轮材料及其力学性能

材料牌号	热处理方法	强度极限 σ_b/MPa	屈服极限 σ_s/MPa	硬度 HBS	硬度 HRC(齿面)	$[\sigma_H]$/MPa	$[\sigma_F]$/MPa
45	正火	580	290	152~217		$380+0.7HBS$	$140+0.2HBS$
45	调质	550	350	217~255		$380+0.7HBS$	$140+0.2HBS$
45	表面淬火				40~50	$500+11HRC$	$160+2.5HRC$
35SiMn	调质	750	470	210~259		$380HBS$	$155+0.3HBS$
35SiMn	表面淬火				40~45	$500+11HRC$	$160+2.5HRC$
40MnB	调质	750	500	241~285		$380HBS$	$155+0.3HBS$
40Cr	调质	700	500	241~285		$380HBS$	$155+0.3HBS$
40Cr	表面淬火				48~55	$500+11HRC$	$160+2.5HRC$
20Cr	渗碳、淬火	550	400	300	52~55	$23HRC$	$5.8HRC$
20CrMnTi	渗碳、淬火	1100	850	300	52~55	$23HRC$	$5.8HRC$
ZG310-570	正火	580	320	155~217		$180+0.8HBS$	$120+0.2HBS$
HT200		200		150~220		$120HBS$	$30+0.1HBS$
HT250		250		170~240		$120HBS$	$30+0.1HBS$
QT500-5	正火	500	350	150~240		$170HBS$	$130+0.2HBS$
QT500-2	正火	500	370	220~290		$170HBS$	$130+0.2HBS$

注：确定 $[\sigma_H]$ 时取接触强度安全系数 $S_H=1\sim1.1$；确定 $[\sigma_F]$ 时取弯曲强度安全系数 $S_H=1.1\sim1.25$，当齿轮受双向交变应力时，应将式中的 $[\sigma_F]$ 乘以 0.7。表中正体 HBS 和 HRC 表示硬度，计算式中的斜体 HBS 和 HRC 分别表示布氏和洛式硬度值。

1. 常用材料

最常用的材料是钢，钢的品种很多，且可通过各种热处理方式获得符合工作要求的综合性能。其次是铸铁，还有非金属材料。

（1）钢

齿轮用钢可分为锻钢和铸钢。由于锻钢的力学综合性能好，它是最常用的齿轮材料，适合中小直径的齿轮。铸钢适用于直径较大的齿轮，毛坯应进行正火处理以消除残余应力和硬度不均匀现象。

（2）铸铁

普通灰铸铁的铸造性能和切削性能好、价廉、抗点蚀和抗胶合能力强，但弯曲强度低、冲击韧性差，常用于低速、无冲击和大尺寸的场合。铸铁中石墨有自润滑作用，尤其适用于开式传动。铸铁性脆，要避免载荷集中引起轮齿局部折断，齿宽宜较小。球墨铸铁的力学性能和抗冲击性能远高于灰铸铁。

(3) 非金属材料

高速、小功率和精度要求不高的齿轮传动，可采用夹布胶木、尼龙等非金属材料。非金属材料的弹性模量较小，传动时的噪声小。由于非金属材料的导热性差，应注意润滑和散热。

2. 常用热处理方法

钢制齿轮常用的热处理方法主要有以下几种。

(1) 正火

正火能消除内应力，细化晶粒，改善力学性能。强度要求不高和不很重要的齿轮，可用中碳钢或中碳合金钢正火处理。大直径的齿轮可用铸钢正火处理。

(2) 调质

调质后齿面硬度不高，易于跑合，可精切成形，力学综合性能较好。对于中速、中等平稳载荷的齿轮，可采用中碳钢或中碳合金钢调质处理。

(3) 整体淬火

整体淬火后再低温回火，这种热处理工艺较简单，但轮齿变形较大，质量不易保证，心部韧性较低，不适于承受冲击载荷，热处理后必须进行磨齿、研齿等精加工。中碳钢或中碳合金钢可采用这种热处理。

(4) 表面淬火

表面淬火后再低温回火，可使心部韧性高，接触强度高，耐磨性能好，能承受中等冲击载荷。因为只在表面加热，轮齿变形不大，一般不需要最后磨齿，如果硬化层较深，则变形较大，应进行热处理后的精加工。中、小尺寸齿轮和重要的齿轮可采用中频或高频感应加热，大尺寸齿轮可采用火焰加热。常用材料为中碳钢或中碳合金钢。

(5) 表面渗碳淬火

表面渗碳淬火的齿轮表面硬度高，接触强度好，耐磨性好，心部韧性好，能承受较大的冲击载荷，但轮齿变形较大，弯曲强度也较低，载荷较大时渗碳层有剥离的可能。常用材料有低碳钢或低碳合金钢。

除以上几种热处理方法外，目前使用的方法还有表面渗氮、碳氮共渗、激光表面硬化等。

3. 齿轮材料的选取原则

在选择齿轮材料时，下述几点可供参考。

(1) 满足工作条件要求

由于工作条件和使用环境的不同，对齿轮材料的要求也不尽相同，因此，满足工作条件要求是选择齿轮材料时首先应考虑的因素。例如，对于用于矿山机械的齿轮传动，一般工作速度较低、功率较大、环境较恶劣，往往选择铸钢或铸铁等材料；对于儿童玩具、家用或办公用机械上的齿轮传动，传递功率很小，但要求传动平稳、低或无噪声,以及能在少润滑或无润滑状态下正常工作,常选用工程塑料作为齿轮材料;而在飞行器上使用的齿轮传动,需满足质量小、承载能力大和可靠性高等要求,必须选用力学性能好的合金钢。

(2) 考虑齿轮尺寸的大小、毛坯成形方法、热处理和制造工艺

大尺寸的齿轮一般采用铸造工艺,采用铸钢或铸铁作为材料;中等或中等以下尺寸的齿轮常采用锻造毛坯;而尺寸较小而又要求不高时,可选用圆钢作为毛坯。齿面硬化的常用方法有渗碳、渗氮和表面淬火。低碳钢或低碳合金钢,可采用渗碳工艺;氮化钢和调质钢能采用渗氮工艺;而采用表面淬火时对材料没有特别要求。对于正火碳钢,不论采用何种毛坯制作方法,只能用于制作载荷平稳或轻度冲击下工作的齿轮,不能承受大的冲击载荷,而调质碳钢制作的齿轮可承受中等冲击载荷。

(三)齿轮精度

单个渐开线圆柱齿轮共 13 个精度等级,分别为 0~12 级,其中 0 级精度最高,12 级最低。齿轮常用等级为 6~8 级。

选用齿轮精度等级时,应仔细分析对齿轮传动提出的功能要求和工作条件,如传动准确性、圆周速度、噪声、传动功率、载荷、寿命、润滑条件和工作持续时间等。在工程实际中,绝大多数齿轮的精度等级采用类比法确定。类比法是按照现有已证实可靠的同类产品或机械的齿轮,按精度要求、工作条件、生产条件加以必要的修正,选用相应的精度等级。

表 4-12 给出了齿轮常用精度及其相应加工方法;表 4-13 列出了各类机械所用齿轮传动的一般精度要求;表 4-14 列出了与 5~10 级精度齿轮相适应的齿轮圆周速度范围,供设计时参考。实际选用时,应综合考虑载荷和速度等因素,要避免盲目追求较高的精度,以免造成浪费。

▫ 表 4-12 齿轮常用精度及其相应加工方法

精度等级	5 级	6 级	7 级	8 级	9 级	10 级
加工方法	在周期性误差非常小的精密齿轮机床上范成加工	在高精度的齿轮机床上范成加工	在高精度的齿轮机床上范成加工	用范成法或仿形法加工	用任意的方法加工	
齿面最终精加工	精密磨齿。大型齿轮精密滚齿后,再研磨或剃齿	精密磨齿或剃齿	不淬火的齿轮推荐用高精度的刀具切削。淬火的齿轮需要精加工(磨齿、剃齿、研磨、珩齿)	不磨齿,必要时剃齿或研磨	不需要精加工	
齿面粗糙度 $Ra/\mu m$	0.8	0.8	1.6	3.2~6.3	12.5	25

表 4-13 各类机械齿轮传动的精度等级

应用范围	精度等级	应用范围	精度等级
测量齿轮	2～5	航空发动机	4～7
透平减速器	3～6	拖拉机	6～9
金属切削机床	3～8	通用减速器	6～8
内燃机车	6～7	轧钢机	5～10
电气机车	6～7	矿用绞车	8～10
轻型汽车	5～8	起重机械	6～10
载重汽车	6～9	农业机器	8～10

表 4-14 与齿轮精度相适应的齿轮圆周速度范围

齿轮种类	齿面硬度 HBW	精度等级					
		5	6	7	8	9	10
		圆周速度/(m/s)					
直齿	≤350	>12	≤18	≤12	≤6	≤4	≤1
	>350	>10	≤15	≤10	≤5	≤3	≤1
斜齿	≤350	>25	≤36	≤25	≤12	≤8	≤2
	>350	>20	≤30	≤20	≤9	≤6	≤1.5

十、标准直齿圆柱齿轮载荷设计

（一）标准直齿圆柱齿轮传动受力分析

图 4-29 所示为一对外啮合直齿圆柱齿轮传动的受力分析。忽略齿面间的摩擦，并以作用在分度圆齿宽中点处沿啮合线方向的集中法向力 F_n 代替均布载荷。

将 F_n 分解为互相垂直的两个分力，即圆周力 F_t 和径向力 F_r，各力的大小为

$$\left.\begin{aligned} F_t &= \frac{2T_1}{d_1} \\ F_r &= F_t \tan\alpha \\ F_n &= \frac{F_t}{\cos\alpha} = \frac{2T_1}{d_1\cos\alpha} \end{aligned}\right\} \tag{4-17}$$

式中 T_1——小齿轮传递的名义转矩，$T_1 = 9.55 \times 10^6 \times \dfrac{P_1}{n_1}$ N·mm；

P_1——小齿轮传递的名义功率，kW；

n_1——小齿轮转速，r/min；

d_1——小齿轮分度圆直径，mm；

α——分度圆压力角，标准齿轮 $\alpha=20°$。

各力的方向判定如下：

① 主动齿轮、从动齿轮上相对应的各力大小相等、方向相反。

② 圆周力 F_t 产生的转矩方向与该齿轮外加转矩的方向相反，也可根据速度判

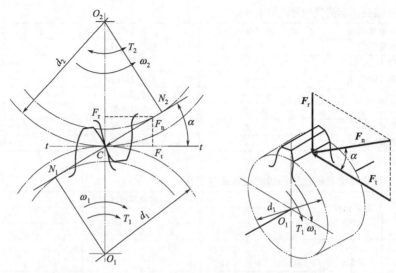

图 4-29　外啮合直齿圆柱齿轮传动的受力分析

断,主动齿轮受到的圆周力 F_{t1} 与该轮啮合点圆周速度方向相反,从动齿轮受到的圆周力 F_{t2} 与该轮啮合点圆周速度方向相同。

③ 径向力 F_r 分别指向各自的轮心。

(二) 标准直齿圆柱齿轮传动载荷计算

上述的法向力 F_n 是齿轮传动理想状态下的载荷,也称名义载荷。在齿轮传动中,由于工作机的工作特性等因素的影响,作用于轮齿上的实际载荷比名义载荷大,因此应按照计算载荷进行齿轮的强度计算。

$$F_{nc} = K F_n \tag{4-18}$$

K 为载荷系数,不同工作情况下载荷系数取值不同,具体数值见表 4-15。

表 4-15　载荷系数 K

工作机械	载荷性质	原动机		
		电动机	多缸内燃机	单缸内燃机
均匀加料的运输机和加料机、轻型卷扬机、发电机、机床辅助传动	均匀、轻微冲击	1~1.2	1.2~1.6	1.6~1.8
不均匀加料的运输机和加料机、重型卷扬机、球磨机、机床主传动	中等冲击	1.2~1.6	1.6~1.8	1.8~2.0
冲床、钻床、冷轧机、破碎机、挖掘机	大的冲击	1.6~1.8	1.9~2.1	2.2~2.4

注：1. 齿轮对称布置取较小值,不对称布置取较大值;
　　2. 斜齿轮、精度高、圆周速度低时可取较小值,反之取较大值。

十一、标准直齿圆柱齿轮传动的设计

（一）齿面接触疲劳强度计算

齿面的疲劳点蚀与齿面的接触应力有关，齿轮传动在节点处多为一对轮齿啮合，实践也证明齿面疲劳点蚀多发生在节线附近。因此，选择齿轮传动的节线处作为接触应力的计算部位。一对渐开线直齿圆柱齿轮相啮合时，相当于以 ρ_1、ρ_2 为半径的两个圆柱体在接触（见图 4-30），所以可以用赫兹应力公式计算齿轮齿面的接触应力（图 4-31）。

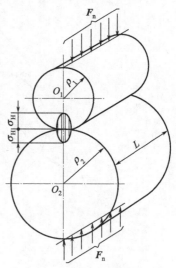

图 4-30 两圆柱体接触时的接触应力分布图

计算公式如下：

$$\sigma_H = \sqrt{\frac{F_n\left(\dfrac{1}{\rho_1} \pm \dfrac{1}{\rho_2}\right)}{L\pi\left(\dfrac{1-\mu_1^2}{E_1} + \dfrac{1-\mu_2^2}{E_2}\right)}} \qquad (4\text{-}19)$$

式中 σ_H——接触应力，MPa；

F_n——法向力，N；

L——接触线长度，mm；

ρ_1, ρ_2——分别为两圆柱体接触处曲率半径，+用于外接触，-用于内接触；

μ_1, μ_2——分别为两圆柱体的泊松比；

E_1, E_2——分别为两圆柱体的弹性模量，MPa。

以节点作为齿面接触应力计算点，节点处的曲率半径为

$$\rho = \frac{d\sin\alpha}{2} \qquad (4\text{-}20)$$

取齿数比 $\mu = \dfrac{z_1}{z_2} \geqslant 1$，则式（4-19）中

$$\frac{1}{\rho_1} \pm \frac{1}{\rho_2} = \frac{\rho_1 \pm \rho_2}{\rho_1 \rho_2} = \frac{\dfrac{\rho_2}{\rho_1} \pm 1}{\dfrac{\rho_2}{\rho_1}} = \frac{\dfrac{d_2}{d_1} \pm 1}{\dfrac{d_2}{d_1}} = \frac{\mu \pm 1}{\rho_1 \mu} = \frac{\mu \pm 1}{\mu} \times \frac{2}{d\sin\alpha}$$

将计算载荷 $F_{nc} = KF_n = \dfrac{KF_t}{\cos\alpha} = \dfrac{2T_1}{d_1 \cos\alpha}$ 代入式（4-20），并取接触线长度 L 等于轮齿接触宽度 b，得到标准直齿圆柱齿轮齿面接触疲劳强度校核公式为：

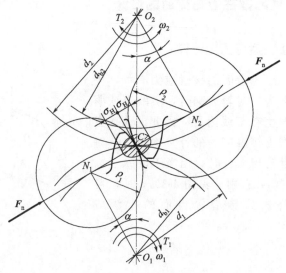

图 4-31 齿面接触应力

$$\sigma_H = Z_E Z_H \sqrt{\frac{KF_t}{bd_1^2} \times \frac{u \pm 1}{u}} = Z_E Z_H \sqrt{\frac{2KT_1}{b-d_1^2} \times \frac{\mu \pm 1}{\mu}} \leqslant [\sigma_H] \quad (4-21)$$

式中 Z_E——弹性系数，$Z_E = \sqrt{\dfrac{1}{\pi\left(\dfrac{1-\mu_1^2}{E_1}+\dfrac{1-\mu_2^2}{E_2}\right)}}$，弹性系数查表 4-16；

Z_H——节点区域系数，$Z_H = \sqrt{\dfrac{2}{\sin\alpha\cos\alpha}}$，标准直齿圆柱齿轮取 $Z_H=2.5$；

$[\sigma_H]$——许用接触应力，MPa，查表 4-11；

u——齿数比，数值为 $\dfrac{z_2}{z_1}$；

b——轮齿的宽度，一般取 b 为大齿轮的宽度 b_2，即 $b=b_2$，mm，为了便于安装和调整，通常小齿轮的宽度为 $b_1=b_2+(5\sim10)\mathrm{mm}$，且 b_1、b_2 常取为整数。

将齿宽系数 $\psi_d = \dfrac{b}{d_1}$ 代入式(4-22)中，得到标准直齿圆柱齿轮齿面接触疲劳强度设计公式

$$d_1 \geqslant \sqrt[3]{\frac{2KT_1}{\psi_d} \times \frac{u \pm 1}{u}\left(\frac{Z_E Z_H}{[\sigma_H]}\right)^2} \quad (4-22)$$

齿宽系数见表 4-17。

计算说明及注意事项：

① 使用上述公式时，"+"号用于外啮合，"-"号用于内啮合。

② 相互啮合的齿轮其齿面接触应力是相等的，即 $\sigma_{H1}=\sigma_{H2}$；因为两个齿轮的材料、齿面硬度一般不同，所以许用接触应力并不相等，即 $[\sigma_{H1}]\neq[\sigma_{H2}]$。两个齿轮中有一个齿轮产生疲劳点蚀，传动即失效，所以在使用式(4-21)和式(4-22)设计计算时，$[\sigma_H]$ 应取 $[\sigma_{H1}]$、$[\sigma_{H2}]$ 中的较小值。

表 4-16 弹性系数 Z_E $\sqrt{MPa}$

齿轮材料	配对齿轮材料和弹性模量 E/MPa				
	灰铸铁 11.8×10^4	球墨铸铁 17.5×10^4	铸钢 20.2×10^4	锻钢 20.6×10^4	夹布塑胶 0.785×10^4
锻钢	162.0	181.4	188.9	189.8	56.4
铸钢	161.4	180.5	188.0		
球墨铸铁	156.6	173.9			
灰铸铁	143.7				

表 4-17 齿宽系数 ψ_d

齿轮相对轴承位置	齿面硬度	
	硬齿面	软齿面
对称布置	0.4~0.9	0.8~1.4
非对称布置	0.3~0.5	0.5~1.2
悬臂布置	0.2~0.5	0.3~0.5

（二）齿根弯曲疲劳强度计算

圆柱齿轮的轮齿可以看作是变截面悬臂梁，因此齿根应力计算可用轮齿悬臂梁弯曲模型。在工程上，一般轮齿悬臂梁的危险截面位置和尺寸用 30°切线法确定，如图 4-32 所示，在端面内作与轮齿对称中线成 30°夹角并与齿根过渡曲线相切的两条直线，连接两切点并平行于齿轮轴线的截面为危险截面。

如图 4-32 所示，忽略齿面间的摩擦力后，作用在齿顶的法向力 F_n 可分解为切向力 $F_n\cos\alpha_F$ 和径向力 $F_n\sin\alpha_F$，α_F 表示齿顶压力角。由于 $F_n\cos\alpha_F$ 产生的剪应力和 $F_n\sin\alpha_F$ 产生的压应力比 $F_n\cos\alpha_F$ 产生的弯曲应力小得多，计算齿根强度时可只考虑弯曲应力。

齿根处产生的弯曲应力 σ_F 为：

$$\sigma_F=\frac{M}{W}=\frac{F_n\cos\alpha_F h_F}{bs_F^2/6}=\frac{6F_n\cos\alpha_F h_F}{bs_F^2} \tag{4-23}$$

式中　　b——齿宽；

　　　　h_F——力臂；

　　　　s_F——危险截面齿厚。

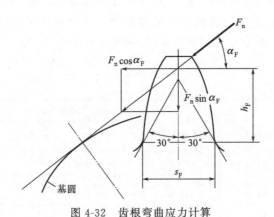

图 4-32　齿根弯曲应力计算

考虑计算载荷，式(4-23)中的 F_n 用 $F_{nc}=K\dfrac{F_t}{\cos\alpha}=K\dfrac{2T_1}{d_1\cos\alpha}$ 替换，并改写整理得

$$\sigma_F=\dfrac{2KT_1}{bd_1m}Y_{Fa}Y_{Sa}\leqslant[\sigma_F] \tag{4-24}$$

$\sigma_F=\dfrac{KF_t}{bm}\times\dfrac{6K_h\cos\alpha_F}{K_s^2\cos\alpha}$，$K_h=\dfrac{h_F}{m}$，$K_s=\dfrac{s_F}{m}$。另 $Y_{Fa}=\dfrac{6K_h\cos\alpha_F}{K_s^2\cos\alpha}$ 只与齿廓形状有关，称为齿形系数。对于标准齿轮来说 Y_{Fa} 取决于齿数，具体数值见表 4-18。

考虑齿根应力集中的影响，引入应力修正系数 Y_{Sa}。齿根应力集中程度取决于齿根过渡曲线形状，所以 Y_{Sa} 也与齿数有关，见表 4-18。

将齿宽系数 $\psi_d=\dfrac{b}{d_1}$ 代入式(4-24)，得轮齿齿根弯曲疲劳强度的设计公式为

$$m\geqslant\sqrt[3]{\dfrac{2KT_1}{\psi_d z_1^2}\left(\dfrac{Y_{Fa}Y_{Sa}}{[\sigma_F]}\right)} \tag{4-25}$$

表 4-18　齿形系数 Y_{Fa} 和应力修正系数 Y_{Sa}

z_v	17	18	19	20	21	22	23	24	25	26	27	28	29
Y_{Fa}	2.97	2.91	2.85	2.80	2.76	2.72	2.69	2.65	2.62	2.60	2.57	2.55	2.53
Y_{Sa}	1.52	1.53	1.54	1.55	1.56	1.57	1.575	1.58	1.59	1.595	1.60	1.61	1.62
z_v	30	35	40	45	50	60	70	80	90	100	150	200	1000
Y_{Fa}	2.52	2.45	2.40	2.35	2.32	2.28	2.24	2.22	2.20	2.18	2.14	2.12	2.06
Y_{Sa}	1.625	1.65	1.67	1.68	1.70	1.73	1.75	1.77	1.78	1.79	1.83	1.865	1.97

在使用公式时需要注意：

① 计算出来的模数，最后应转换为模数标准值。对于传递动力的齿轮，其模数不宜过小，一般应使 $m > 1.5 \sim 2\text{mm}$。

② 多数情况下，由于两啮合齿轮的齿数不等，所以齿根弯曲应力 $\sigma_{F1} \neq \sigma_{F2}$，由于大小齿轮的材料、热处理方法不同，其许用弯曲应力 $[\sigma_{F1}]$、$[\sigma_{F2}]$ 也不相等。所以在计算过程中，$\dfrac{Y_{Fa1}Y_{Sa1}}{[\sigma_F]}$ 与 $\dfrac{Y_{Fa2}Y_{Sa2}}{[\sigma_F]}$ 两者中较大值代入计算。

③ 要分别校核两齿轮的轮齿齿根弯曲疲劳强度，并满足 $\sigma_{F1} \leqslant [\sigma_{F1}]$ 和 $\sigma_{F2} \leqslant [\sigma_{F2}]$。

④ 无论是对大齿轮，还是对小齿轮进行计算，公式中的 T_1、d_1、z_1 均为小齿轮的转矩、分度圆直径、齿数。

（三）齿轮材料的许用应力

齿轮材料的许用应力与齿轮的材料、热处理方式等有关，其大小分别为：

$$\text{齿轮材料的许用接触应力 } [\sigma_H] = \frac{\sigma_{Hlim}}{S_{Hlim}}$$

$$\text{齿轮材料的许用弯曲应力 } [\sigma_F] = \frac{\sigma_{Flim}}{S_{Flim}}$$

式中　σ_{Hlim}，σ_{Flim}——试验齿轮材料的接触疲劳极限应力和弯曲疲劳极限应力（见表4-19）；

S_{Hlim}，S_{Flim}——齿面接触疲劳强度的最小安全系数和齿根弯曲疲劳强度的最小安全系数（见表4-20）。

表4-19　几种常用齿轮材料应力值

材料	热处理方法	齿面硬度	接触疲劳极限 σ_{Hlim}/MPa	弯曲疲劳极限 σ_{Flim}/MPa
45	正火	162～217HES	$0.87HBS + 380$	$0.7HBS + 275$
45	调质	217～286HBS		
45	表面淬火	40～50HRC	$10HRC + 670$	$HRC < 52$ 时，$10.5HRC + 195$；$HRC \geqslant 52$ 时，740
40Cr	调质	240～285HBS	$1.4HBS + 350$	$0.8HBS + 380$
40Cr	表面淬火	48～55HRC	$10HRC + 670$	$HRC < 52$ 时，$10.5HRC + 195$；$HRC \geqslant 52$ 时，740
20Cr	渗碳淬火	56～62HRC	1500	860
ZG310-570	正火	163～207HBS	$0.75HBS + 320$	$0.6HBS + 220$
HT300		187～255HFS	$HBS + 135$	$0.5HBS + 20$
QT500-7		147～241HES	$1.3HBS + 240$	$0.8HBS + 220$

注：1. 本表是根据 GB/T 10063—1988 按 MQ 级（中等质量要求）编制的。
2. 表中正体 HBS 和 HRC 表示硬度，计算式中的斜体 HBS 和 HRC 分别表示布氏和洛氏硬度值。

表 4-20　最小安全系数 S_{Hlim} 和 S_{Flim}

工作可靠度	S_{Flim}	S_{Hlim}
高度可靠	1.5	1.25
可靠度 99%（失效率 1%）	1.00	1.00

（四）齿轮主要参数的选择

1. 齿数和模数

对于闭式软齿面齿轮传动，传动齿轮的尺寸主要取决于齿面接触疲劳强度。因此，在保持分度圆直径不变并满足弯曲疲劳强度要求的前提下，可选用较多的齿数，这样有利于增大重合度，使传动平稳。同时，由于模数的减小，又可减少齿轮毛坯的金属切削量，降低齿轮制造成本。通常取 $z_1=20\sim40$。

对于闭式硬齿面齿轮传动和开式齿轮传动，传动齿轮的尺寸主要取决于轮齿的弯曲疲劳强度，故可采用较少的齿数以增加模数。但对于标准齿轮，为了避免切齿干涉，通常取 $z_1=17\sim25$。

2. 齿宽系数

增大齿宽能缩小齿轮的径向尺寸，但齿宽越大，载荷沿齿宽分布越不均匀。通常齿宽系数可根据表 4-17 进行选择。

3. 传动比

一对齿轮的传动比 i 不宜过大，否则将增加传动装置的结构尺寸，且使两齿轮轮齿的循环次数差别太大。因此，一般减速传动，$i\leqslant 6\sim 8$，常用 $i=3\sim 5$。

（五）齿轮传动的设计准则

齿轮传动的设计准则依其失效形式而定。对于一般用途的齿轮传动，通常只按齿根强度及齿面接触疲劳强度进行设计计算。

在闭式齿轮传动中，齿面点蚀和轮齿折断两种失效形式均可能发生，所以需计算两种强度。对于闭式软齿面齿轮传动，其抗点蚀能力比较低，所以一般先按接触疲劳强度进行设计，再校核其弯曲疲劳强度；对于闭式硬齿面齿轮传动，其抗点蚀能力较强，所以一般先按弯曲疲劳强度进行设计，再校核其接触疲劳强度。

在开式齿轮传动中，主要失效形式是齿面磨损和轮齿折断。因为目前齿面磨损尚无可靠的计算方法，所以一般只计算齿根弯曲疲劳强度。考虑磨损会使齿厚变薄，从而降低轮齿弯曲疲劳强度，一般将计算出的模数增大 10%～15%，然后再取标准值。

（六）标准直齿轮传动的设计实例

例 4-3　设计一单级直齿圆柱齿轮减速机用单向齿轮传动，载荷平稳，传动比

$i=4$,高速轴转速 $n_1=750\text{r/min}$,传递功率 $P=10\text{kW}$。

解：

① 选择齿轮材料：

由于载荷平稳冲击，减速器传动尺寸无特殊限制。因此小齿轮选用 45 钢调质处理，齿面硬度为 240HBS。大齿轮则用 45 钢正火处理，齿面硬度为 200HBS。由于是闭式软齿轮传动，故可先按接触疲劳强度，再校核其弯曲疲劳强度。

② 按照齿面接触疲劳强度设计：

$$\sigma_{\text{Hlim1}}=0.87\times240+380=589\text{MPa}$$
$$\sigma_{\text{Hlim2}}=0.87\times200+380=554\text{MPa}$$
$$S_\text{H}=1$$

许用接触应力为

$$[\sigma_{\text{H1}}]=\frac{\sigma_{\text{Hlim1}}}{S_{\text{Hlim}}}=589\text{MPa}$$

$$[\sigma_{\text{H2}}]=\frac{\sigma_{\text{Hlim2}}}{S_{\text{Hlim}}}=554\text{MPa}$$

③ 按照接触疲劳强度计算小齿轮直径：

$$T_1=9.55\times10^6\times\frac{P_1}{n_1}=9.55\times10^6\times\frac{10}{750}=1.27\times10^5\text{N}\cdot\text{mm}$$

查表 4-17，取齿宽系数 $\psi_\text{d}=1$

查表 4-15，取载荷系数 $K=1.4$

查图 4-34，得节点区域系数 $Z_\text{H}=2.5$

查表 4-16，得 $Z_\text{E}=189.8\sqrt{\text{MPa}}$

$$d_1\geqslant\sqrt[3]{\frac{2KT_1}{\psi_\text{d}}\times\frac{u\pm1}{u}\left(\frac{Z_\text{E}Z_\text{H}}{[\sigma_\text{H}]}\right)^2}=\sqrt[3]{\frac{2\times1.4\times1.27\times10^5}{1}\times\frac{4+1}{4}\left(\frac{189.8\times2.5}{554}\right)^2}=68.83\text{mm}$$

④ 确定齿轮尺寸几何参数：

齿数：小齿轮齿数取 $z_1=37$，则 $z_2=iz_1=4\times37=148$；

模数：$m=\dfrac{d_1}{z_1}=\dfrac{68.83}{37}=1.86\text{mm}$，根据表 4-2，取标准模数为 2mm；

分度圆直径：$d_1=mz_1=2\times37=74\text{mm}$，$d_2=mz_2=2\times148=296\text{mm}$；

中心距：$a=\dfrac{1}{2}(d_1+d_2)=\dfrac{1}{2}\times(74+296)=185\text{mm}$；

齿宽：$b=\psi_\text{d}d_1=1\times74=74\text{mm}$，$b_2=b=74\text{mm}$，$b_1=b+(5\sim10)\text{mm}$，取 $b_1=80\text{mm}$。

⑤ 校核齿根弯曲疲劳强度：

许用齿根极限应力：

$$\sigma_{\text{Flim1}}=0.7\times240+275=443\text{MPa}$$
$$\sigma_{\text{Flim2}}=0.7\times200+275=415\text{MPa}$$

许用齿根应力：

$$S_F = 1.4$$

$$[\sigma_{F1}] = \frac{\sigma_{Flim1}}{S_F} = \frac{443}{1.4} = 316 \text{MPa}$$

$$[\sigma_{F2}] = \frac{\sigma_{Flim2}}{S_F} = \frac{415}{1.4} = 296 \text{MPa}$$

根据表 4-18，采用线性插值法得 Y_{Fa}、Y_{Sa}

$$\sigma_{F1} = \frac{2KT_1}{bd_1 m} Y_{Fa1} Y_{Sa1} = \frac{2 \times 1.4 \times 1.27 \times 10^5}{74 \times 74 \times 2} 2.44 \times 1.66 = 131 \text{MPa}$$

$$\sigma_{F2} = \frac{2KT_1}{bd_1 m} Y_{Fa2} Y_{Sa2} = \frac{2 \times 1.4 \times 1.27 \times 10^5}{74 \times 74 \times 2} 2.17 \times 1.8 = 129 \text{MPa}$$

根据计算可知：$\sigma_{F1} < [\sigma_{F1}]$，$\sigma_{F2} < [\sigma_{F2}]$。因此弯曲疲劳强度足够，设计合理，满足使用要求。

十二、标准斜齿圆柱齿轮传动设计

斜齿圆柱齿轮传动的强度计算方法与直齿轮类似。但是由于斜齿轮齿形的特点，其轮齿受力情况及应力分析等方面不同于直齿轮。因此在进行强度计算时，除了要掌握共同特性外，还应考虑其特殊性，如斜齿轮螺旋角，端面、轴面重合度等对轮齿强度的影响等。有关斜齿轮的几何尺寸计算在实例中讲解，这里不再单独介绍。

（一）轮齿的受力分析

图 4-33 所示为标准斜齿圆柱齿轮，它的受力分析与标准直齿圆柱齿轮传动基本相同，不计摩擦，作用在齿面间的法向力 F_n 可以分解为 3 个分力，即圆周力 F_t、径向力 F_r 和轴向力 F_a，各力的大小分别为

$$F_{t1} = \frac{2T_1}{d_1} = F_{t2}$$

$$F_{r1} = F_{t1} \tan\alpha_n / \cos\beta = F_{t1} \tan\alpha_t = F_{r2}$$

$$F_{a1} = F_{t1} \tan\beta = F_{a2} \tag{4-26}$$

式中 β——标准斜齿轮的螺旋角，一般在 8°～20°范围内；

α_n——法向压力角，对于标准斜齿轮，规定 $\alpha_n = 20°$

其他符号的意义、单位及确定方法与直齿圆柱齿轮传动完全相同。

作用在主动齿轮和从动齿轮上的各力大小相等、方向相反。各分力的方向判定：圆周力 F_t、径向力 F_r 的方向判定方法与直齿轮相同；轴向力 F_a 的方向可以用"主动齿轮左、右手定则"来判定。

当主动齿轮是右旋时，用右手四指弯曲方向表示主动齿轮的回转方向，拇指指向表示主动齿轮所受轴向力的方向；如图 4-33 所示，当主动齿轮是左旋时，则用

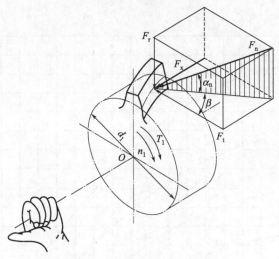

图 4-33　斜齿轮轮齿受力分析

左手来判定,方法同上。必须注意的是,"左、右手定则"判定轴向力的方向仅适用于主动齿轮,从动齿轮轴向力的方向与主动齿轮轴向力方向相反。

(二)齿面接触疲劳强度

斜齿圆柱齿轮所受载荷作用在轮齿的法向面上,其法向面齿形和齿厚反映其强度,所以斜齿圆柱齿轮的强度是按轮齿的法向面进行分析的,其基本原理与直齿轮相似。

可得标准斜齿圆柱齿轮齿面接触疲劳强度校核公式为(推导从略):

$$\sigma_H = Z_E Z_H Z_\beta \sqrt{\frac{KT_1}{\psi_d d_1^3} \times \frac{u \pm 1}{u}} \leqslant [\sigma_H] \tag{4-27}$$

设计公式为:

$$d_1 \geqslant \sqrt[3]{\frac{2KT_1}{\psi_d} \times \frac{u \pm 1}{u} \left(\frac{Z_E Z_H Z_\beta}{[\sigma_H]}\right)^2} \tag{4-28}$$

式中　Z_H——标准斜齿圆柱齿轮节点区域系数,其值查图 4-34 可得;
　　　Z_β——修正系数,$Z_\beta = \sqrt{\cos\beta}$。

注意上式中:
① +用于外啮合,-用于内啮合。
② 在计算时,一般先初选螺旋角(10°~15°),最后需要保证实际螺旋角在 8°~20°范围内,如不满足该条件,需要重新计算。

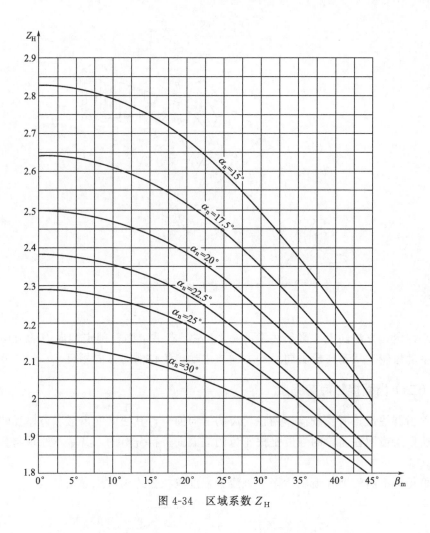

图 4-34 区域系数 Z_H

（三）齿根弯曲疲劳强度

在法向面内，参照直齿轮弯曲强度公式的推导过程和处理方法，可得出斜齿圆柱齿轮弯曲强度计算公式。由于斜齿轮接触线倾斜，故其齿根弯曲应力比载荷全部作用于齿顶的直齿轮小，为此，用螺旋角系数 Y_β 加以修正。这样，斜齿圆柱齿轮齿根弯曲疲劳强度的校核公式为

$$\sigma_F = \frac{2KT_1}{bd_1 m_n} Y_{Fa} Y_{Sa} Y_\beta \leqslant [\sigma_F] \tag{4-29}$$

将齿宽系数 $\psi_d = \dfrac{b}{d_1}$ 代入式(4-29)，得轮齿齿根弯曲疲劳强度的设计公式为

$$m_n \geqslant \sqrt[3]{\frac{2KT_1 \cos^2\beta Y_\beta}{\psi_d z_1^2} \left(\frac{Y_{Fa} Y_{Sa}}{[\sigma_F]}\right)} \tag{4-30}$$

式中，Y_β 为螺旋角系数，由图 4-35 查取；Y_{Fa} 为齿形系数，按当量齿数 z_v，根据表 4-18 查得；Y_{Sa} 为应力修正系数，按当量齿数 z_v，根据表 4-18 查得。其他符号意义同直齿轮。

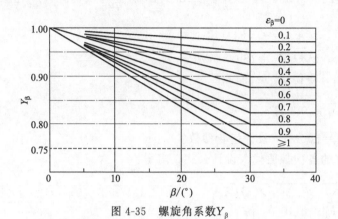

图 4-35　螺旋角系数 Y_β

设计斜齿圆柱齿轮传动时，基本参数的选择和许用应力的确定与直齿轮相同。除此之外还需要选择螺旋角 β。从上述分析过程可知，螺旋角 β 选大些时，可增大重合度，从而提高了传动的平稳性和承载能力，但 β 过大时，轴向力剧增。

（四）标准斜齿轮传动的设计示例

例 4-4　设计一提升机用单级减速器中的斜齿圆柱齿轮传动，小齿轮输入功率 $P_1=5.46\text{kW}$，转速 $n_1=725\text{r/min}$，单向转动，载荷平稳。要求齿轮传动比 $i=3$。

解：

① 齿轮材料的选择：

一般用途的齿轮传动，齿轮材料可选用 45 钢，传递功率不大，且对结构尺寸无严格要求，可选择软齿面齿轮传动。选小齿轮调质，小齿轮齿面硬度为 220HBS，$[\sigma_{H1}]=380\text{MPa}+0.7\times220\text{MPa}=534\text{MPa}$，$[\sigma_{F1}]=140\text{MPa}+0.2\times220\text{MPa}=184\text{MPa}$；大齿轮正火，齿面硬度为 180HBS，$[\sigma_{H2}]=380\text{MPa}+0.7\times180\text{MPa}=506\text{MPa}$，$[\sigma_{F2}]=140\text{MPa}+0.2\times180\text{MPa}=176\text{MPa}$。

② 齿数和螺旋角的选择：

闭式软齿面齿轮传动，z_1 可以选多些，初选 $z_1=27$，$z_2=iz_1=81$。初选 $\beta=15°$

③ 按齿面接触疲劳强度设计：

对闭式软齿面齿轮传动，按接触强度设计，校核齿根弯曲强度。

$$d_1 \geqslant \sqrt[3]{\frac{2KT_1}{\psi_d}\times\frac{u\pm1}{u}\left(\frac{Z_E Z_H Z_\beta}{[\sigma_H]}\right)^2}$$

式中各项数值确定如下：
按照轻型提升机，载荷平稳，根据表 4-15，选取 $K=1.1$；

$$T_1 = 9.55 \times 10^6 \times \frac{P_1}{n_1} = 9.55 \times 10^6 \times \frac{5.46}{725} = 71921 \text{N} \cdot \text{mm}$$

由表 4-17，选取 $\psi_d = 0.9$；
由表 4-16，选取 $Z_E = 189.8\sqrt{\text{MPa}}$；
由图 4-34，查得 $Z_H = 2.43$；

$Z_\beta = \sqrt{\cos\beta} = 0.98$；

取 $[\sigma_{H2}] = 506\text{MPa}$ 设计齿轮参数。
将确定好的各项数值代入设计公式，求得：

$$d_1 \geqslant \sqrt[3]{\frac{2KT_1}{\psi_d} \times \frac{u \pm 1}{u} \left(\frac{Z_E Z_H Z_\beta}{[\sigma_H]}\right)^2} = \sqrt[3]{\frac{2 \times 1.1 \times 71921}{0.9} \times \frac{3+1}{3} \left(\frac{189.8 \times 2.43 \times 0.98}{506}\right)^2}$$

$$= 57.18\text{mm}$$

确定齿轮参数：

$$m_n = \frac{d_1 \cos\beta}{z_1} = \frac{57.18 \times \cos 15°}{27} = 2.05\text{mm}$$

根据第一系列标准模数表，取 $m_n = 2.5\text{mm}$；

中心距 $a = \dfrac{m_n(z_1+z_2)}{2\cos\beta} = \dfrac{2.5 \times (27+81)}{2 \times \cos 15°} = 139.76\text{mm}$，圆整中心距得 $a = 140\text{mm}$；

$$\beta = \arccos\frac{m_n(z_1+z_2)}{2a} = \arccos\frac{2.5 \times (27+81)}{2 \times 140} = 15.3588°$$

$$d_1 = \frac{m_n z_1}{\cos\beta} = \frac{2.5 \times 27}{\cos 15.3588°} = 70\text{mm}$$

$$d_2 = \frac{m_n z_2}{\cos\beta} = \frac{2.5 \times 81}{\cos 15.3588°} = 210\text{mm}$$

$$b = \psi_d d_1 = 0.9 \times 70 = 63\text{mm}$$

齿宽取 $B_2 = 65\text{mm}$，$B_1 = 70\text{mm}$。

④ 校核齿根弯曲疲劳强度：

$$\sigma_F = \frac{2KT_1}{bd_1 m_n} Y_{Fa} Y_{Sa} Y_\beta \leqslant [\sigma_F]$$

$$\varepsilon_\beta = \frac{b\sin\beta}{\pi m_n} = \frac{65\sin 15.3588°}{2.5\pi} = 2.19$$

由图 4-23，按照 $\varepsilon_\beta > 1$，查得 $Y_\beta = 0.87$。

$$z_{v1} = \frac{z_1}{\cos\beta^3} \approx 30$$

$$z_{v2} = \frac{z_2}{\cos\beta^3} \approx 84$$

查表 4-18 得，$Y_{Fa1} = 2.52$，$Y_{Fs1} = 1.625$；$Y_{Fa2} = 2.21$，$Y_{Fs2} = 1.775$。
将确定出的各项数值代入弯曲强度校核公式，得

$$\sigma_{F1} = \frac{2 \times 1.1 \times 71921}{65 \times 70 \times 2.5} \times 2.52 \times 1.625 = 49.55 \text{MPa} < [\sigma_{F1}]$$

$$\sigma_{F2} = \sigma_{F1} \times \frac{Y_{Fa2} Y_{Fs2}}{Y_{Fa1} Y_{Fs1}} = 49.55 \times \frac{2.21 \times 1.775}{2.52 \times 1.625} = 47.46 \text{MPa} < [\sigma_{F2}]$$

齿根弯曲疲劳强度足够。
⑤ 齿轮几何尺寸确定：

$$d_1 = 70\text{mm}$$

$$d_2 = 70\text{mm}$$

$$d_{a1} = d_1 + 2h_a = d_1 + 2h_{an}^* m_n = (70 + 2 \times 1 \times 2.5)\text{mm} = 75\text{mm}$$

$$d_{a2} = d_2 + 2h_a = d_2 + 2h_{an}^* m_n = (210 + 2 \times 1 \times 2.5)\text{mm} = 215\text{mm}$$

$$\beta = 15°21'32''$$

齿轮 1 的齿宽 $B_1 = 70\text{mm}$，齿轮 2 的齿宽 $B_2 = 65\text{mm}$，中心距 $a = 140\text{mm}$。

十三、标准直齿锥齿轮传动设计

（一）轮齿的受力分析

图 4-36 所示的直齿锥齿轮的受力分析与直齿圆柱齿轮基本相同，若不计摩擦，工作时作用在直齿锥齿轮齿面上的力为一法向力 F_n。为了便于分析和计算，假设该法向力 F_n 集中作用在齿宽中点的分度圆处，其直径用 d_{m1} 表示，大小为：

$$d_{m1} = (1 - 0.5\psi_R)d_1 \tag{4-31}$$

同样，将法向力 F_n 分解为 3 个分力，即圆周力 F_t、径向力 F_r 和轴向力 F_a。各力的大小为：

$$F_{t1} = \frac{2T_1}{d_{m1}} = F_{t2}$$

$$F_{r1} = F'_{r1}\cos\delta_1 = F_{t1}\tan\alpha\cos\delta_1 = F_{a2}$$

$$F_{a1}=F'_{r1}\sin\delta_1=F_{t1}\tan\alpha\sin\delta_1=F_{r2} \tag{4-32}$$

如图 4-37 所示,当两轴夹角为直角,即 $\Sigma=\delta_1+\delta_2=90°$ 时,两锥齿轮上的圆周力 F_{t1} 和 F_{t2} 互为作用力和反作用力;两轮中任一齿轮的径向力 F_r,与另一齿轮的轴向力 F_a 大小相等,方向相反。圆周力和径向力方向的判断同直齿轮传动;轴向力 F_{a1} 和 F_{a2} 的方向沿着各自锥齿轮的轴线并由小端指向大端。

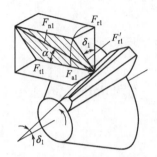

图 4-36　直齿锥齿轮的轮齿受力分析

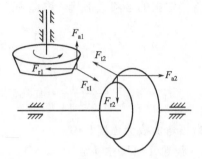

图 4-37　一对直齿锥齿轮的受力分析

(二) 标准直齿锥齿轮传动的强度

1. 齿面接触疲劳强度

直齿锥齿轮轮齿的失效形式、设计准则与直齿圆柱齿轮基本相同。由于锥轮齿大端刚度比小端大,故受载后载荷沿齿宽分布不均匀,其合力作用点偏向大端,因而要精确地计算锥齿轮轮齿的强度比较困难。对于一般用途的直齿锥齿轮轮齿的强度可近似地按齿宽中点处的一对当量直齿轮进行计算。

参照直齿圆柱齿轮传动的接触疲劳强度计算公式,将齿宽中点处的一对当量直齿轮的有关参数代入,可得一对标准直齿锥齿轮传动的齿面接触疲劳强度校核公式为(推导从略):

$$\sigma_H = Z_H Z_E \sqrt{\frac{4KT_1}{\psi_R(1-0.5\psi_R)^2 d_1^3 u}} \leqslant [\sigma_H] \tag{4-33}$$

它的计算式为:

$$d_1 \geqslant \sqrt[3]{\frac{4KT_1}{\psi_R(1-0.5\psi_R)^2 u}\left(\frac{Z_H Z_E}{[\sigma_H]}\right)^2} \tag{4-34}$$

式中的符号、意义、单位与直齿圆柱齿轮一致。

考虑到小锥齿轮通常为悬臂布置,载荷系数 K 应适当偏大选取。

2. 齿根弯曲疲劳强度

类似上述推导方法,可得一对标准直齿锥齿轮轮齿齿根弯曲疲劳强度校核公式为：

$$\sigma_F = \frac{4KT_1 Y_F Y_S}{\psi_R(1-0.5\psi_R)^2 m^3 z_1^2 \sqrt{u^2+1}} \leqslant [\sigma_F] \quad (4-35)$$

它的计算式为：

$$m \geqslant \sqrt[3]{\frac{4KT_1}{\psi_R(1-0.5\psi_R)^2 z_1^2 \sqrt{u^2+1}} \left(\frac{Y_{Fa}Y_{Sa}}{[\sigma_F]}\right)} \quad (4-36)$$

式中　m——锥齿轮大端的模数；

Y_{Fa}、Y_{Sa}——锥齿轮的齿形系数、应力修正系数，其值可根据当量齿数 $z_v = \frac{z}{\cos\delta}$，由表 4-18 中查得。

式中其他符号的意义、单位及确定方法与直齿圆柱齿轮传动相同。应用以上各公式时可参照直齿圆柱齿轮传动的说明和注意事项。

（三）标准直齿锥齿轮传动的设计示例

例 4-5　试设计单级减速器中的一对直齿锥齿轮传动。已知两轴交角 $\Sigma=90°$，传递功率 $P=12\mathrm{kW}$，小齿轮转速 $n_1=970\mathrm{r/min}$，齿数比 $u=2.5$，电动机驱动，载荷较平稳，单向转动。

解：

① 选择材料并确定其许用接触应力：

根据工作条件，一般用途的减速器可采用闭式软齿面传动。

小齿轮 40Cr，调质处理齿面硬度取 $HBS_1=270$；

大齿轮 45 钢，调质处理齿面硬度取 $HBS_2=230$。

两锥齿轮齿面硬度差为 40HBS，符合软齿面传动的设计要求。

查表 4-19 得，两试验锥齿轮材料的接触疲劳极限应力分别为

$\sigma_{Hlim1} = 1.4HBS_1 + 350 = 1.4 \times 270 + 350 = 728\mathrm{MPa}$

$\sigma_{Hlim2} = 0.87HBS_2 + 380 = 0.87 \times 230 + 380 = 580\mathrm{MPa}$

按一般重要性考虑，根据表 4-20，取接触疲劳强度的最小安全系数 $S_{Hlim}=1$。两锥齿轮材料的许用接触应力分别为

$[\sigma_{H1}] = \sigma_{Hlim1}/S_{Hlim} = 728/1 = 728\mathrm{MPa}$

$[\sigma_{H2}] = \sigma_{Hlim2}/S_{Hlim} = 580/1 = 580\mathrm{MPa}$

② 根据设计准则，按照齿面接触疲劳强度初步计算小锥齿轮的分度圆直径：

小锥齿轮上的转矩为：

$$T_1 = 9.55 \times 10^6 \times \frac{P_1}{n_1} = 9.55 \times 10^6 \times \frac{12}{970} = 1.18 \times 10^5 \mathrm{N \cdot mm}$$

原动机为电动机，载荷较平稳。由表 4-15，查得载荷系数 $K=1.2$（锥齿轮取较大值）；由表 4-17，查得一般齿宽系数 $\psi_R=0.25 \sim 0.35$，取 $\psi_R=0.3$；由

表 4-16，选取 $Z_E=189.8\sqrt{\text{MPa}}$；$[\sigma_H]$ 取 $[\sigma_{H1}]$ 和 $[\sigma_{H2}]$ 中的较小值，即 $[\sigma_H]=[\sigma_{H2}]=580\text{MPa}$。

按照式(4-34)校核齿面接触疲劳强度，计算小锥齿轮的分度圆直径为：

$$d_1 \geqslant \sqrt[3]{\frac{4KT_1}{\psi_R(1-0.5\psi_R)^2 u}\left(\frac{Z_H Z_E}{[\sigma_H]}\right)^2} = \sqrt[3]{\frac{4\times 1.2\times 1.18\times 10^5}{0.3\times(1-0.5\times 0.3)^2\times 2.5}\left(\frac{2.5\times 189.8}{580}\right)^2} = 88.77\text{mm}$$

③ 确定两锥齿轮其他参数及尺寸：

a. 齿数：由于采用闭式软齿面传动，根据推荐值 $z_1=16\sim 30$ 的范围，初选 $z_1=27$（软齿面偏大选取），$z_2=z_1\times u=27\times 2.5=67.5$，圆整后取 $z_2=68$。

校验齿数比误差（通常不超过±5%），实际齿数比为 $u'=z_2/z_1=68/27\approx 2.52$。

相对误差为 $\dfrac{u'-u}{u}=0.74\%<5\%$，因此，选择合理。

b. 确定锥齿轮大端的模数：$m=\dfrac{d_1}{z_1}=\dfrac{88.77}{27}=3.29\text{mm}$。

根据第一系列标准模数表，取 $m=3.5\text{mm}$。

c. 确定两锥齿轮的几何尺寸：

两锥齿轮的分度圆直径分别为：

$$d_1=mz_1=3.5\times 27=94.5\text{mm}$$
$$d_2=mz_2=3.5\times 68=238\text{mm}$$

锥距 $R=\dfrac{m}{2}\sqrt{z_1^2+z_1^2}=\dfrac{3.5}{2}\sqrt{27^2+68^2}=128.04\text{mm}$。

两锥齿轮的齿宽 b_1、b_2 均为 $b=\psi_R R=0.3\times 128.04=38.41\text{mm}$。

圆整后得到大、小锥齿轮的齿宽均为 40mm。

分度圆锥角 δ_1 和 δ_2 分别为：

$$\delta_2=\arctan u=\arctan 2.5=68.198°$$
$$\delta_1=90°-\delta_2=90°-68.198°=21.802°$$

两锥齿轮的齿顶圆直径分别为：

$$d_{a1}=d_1+2h_a^* m\times\cos\delta_1=94.5+2\times 1\times 3.5\times\cos 21.802°=100.999\text{mm}$$
$$d_{a2}=d_2+2h_a^* m\times\cos\delta_2=238+2\times 1\times 3.5\times\cos 68.198°=240.599\text{mm}$$

其他几何尺寸计算省略。

④ 验算两锥齿轮的轮齿齿根弯曲疲劳强度：

查表 4-19 得，两锥齿轮材料的弯曲疲劳极限应力分别为

$$\sigma_{\text{Flim1}}=0.8HBS_1+380=0.8\times 270+380=596\text{MPa}$$
$$\sigma_{\text{Flim2}}=0.7HBS_2+275=0.7\times 230+275=436\text{MPa}$$

由表 4-20 查得弯曲疲劳强度的最小安全系数 $S_{\text{Flim}}=1$。

两锥齿轮材料的许用弯曲应力分别为：

$$[\sigma_{Fa1}] = \frac{\sigma_{Flim1}}{S_F} = \frac{596}{1} = 596 \text{MPa}$$

$$[\sigma_{Fa2}] = \frac{\sigma_{Flim2}}{S_F} = \frac{436}{1} = 436 \text{MPa}$$

两锥齿轮的当量齿数分别为：

$$z_{v1} = \frac{z_1}{\cos\delta_1} = \frac{27}{\cos 21.802°} = 29.08$$

$$z_{v2} = \frac{z_2}{\cos\delta_2} = \frac{68}{\cos 68.198°} = 183.09$$

根据两锥齿轮的当量齿数，查表4-18，由线性插值法得两锥齿轮的齿形系数、应力修正系数分别为：

$$Y_{Fa1} = 2.53 - \frac{2.53-2.52}{30-29} \times (29.08-29) \approx 2.53$$

$$Y_{Fa2} = 2.14 - \frac{2.14-2.12}{200-150} \times (183.09-150) = 2.13$$

$$Y_{Sa1} = 1.6 - \frac{1.625-1.6}{30-29} \times (29.08-29) = 1.602$$

$$Y_{Sa2} = 1.83 - \frac{1.865-1.83}{200-50} \times (183.09-150) = 1.853$$

根据两锥齿轮齿根弯曲疲劳应力公式 [式(4-35)]得：

$$\sigma_{F1} = \frac{4KT_1 Y_F Y_S}{\psi_R (1-0.5\psi_R)^2 m^3 z_1^2 \sqrt{u^2+1}}$$

$$= \frac{4 \times 1.2 \times 1.18 \times 10^5 \times 2.53 \times 1.602}{0.3 \times (1-0.5 \times 0.3)^2 \times 3.5^3 \times 27^2 \times \sqrt{2.5^2+1}} = 125.83 \text{MPa} < [\sigma_F]$$

$$= 268 \text{MPa}$$

$$\sigma_{F2} = \frac{4KT_1 Y_F Y_S}{\psi_R (1-0.5\psi_R)^2 m^3 z_1^2 \sqrt{u^2+1}}$$

$$= \frac{4 \times 1.2 \times 1.18 \times 10^5 \times 2.13 \times 1.853}{0.3 \times (1-0.5 \times 0.3)^2 \times 3.5^3 \times 27^2 \times \sqrt{2.5^2+1}} = 122.53 \text{MPa} < [\sigma_F]$$

$$= 209 \text{MPa}$$

因此，两锥齿轮的齿根弯曲疲劳强度足够。

⑤ 确定两锥齿轮的结构形式和其他结构尺寸，并绘制两锥齿轮的零件工作图（略）。

十四、齿轮的结构设计

在齿轮的结构设计中，其结构形式与齿轮大小、材料种类、毛坯类型、制造方法、生产批量和经济性等因素有关。通常先按齿顶圆直径选择适宜的结构形式,然后再按推荐的经验公式和数据进行结构尺寸设计计算,最后绘制齿轮的零件工作图。常用的结构形式有以下几种。

① 当齿顶圆直径 d_a < 200mm 时,满足如图 4-38 所示 e 值时,一般制成实心结构。不满足 e 值时,应将齿轮与轴制成一体,如图 4-39 所示,称为齿轮轴。

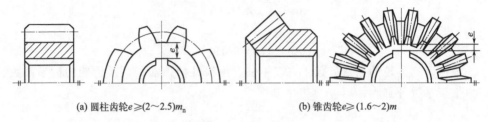

(a) 圆柱齿轮 $e \geqslant (2\sim2.5)m_n$　　　(b) 锥齿轮 $e \geqslant (1.6\sim2)m$

图 4-38　实心齿轮

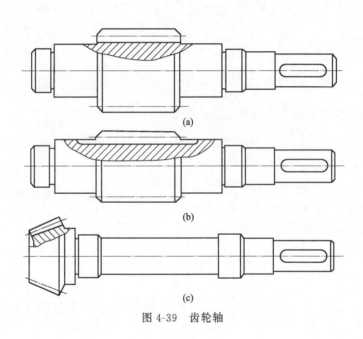

图 4-39　齿轮轴

② 当齿顶圆直径 d_a = 200~500mm 时,为了减轻重量,通常采用腹板式结构。如图 4-40 所示,腹板上开孔的数目按结构尺寸大小及需要而定。

③ 当圆柱齿轮齿顶圆直径 d_a > 400mm 时,锥齿轮齿顶圆直径 d_a > 300mm 时,因为锻造困难,可采用铸造齿轮。如图 4-41 所示,圆柱齿轮可铸成轮辐式结构,锥齿轮可铸成带加强筋的腹板式结构。

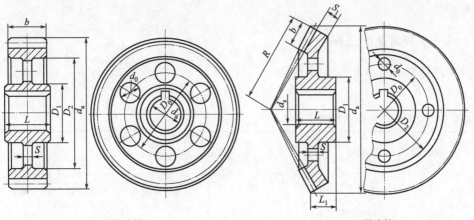

(a) 圆柱齿轮　　　　　　　　　　　　　　(b) 锥齿轮

$D_1=1.6d$；$D_2=d_a-10m_n$；$D_0=0.5(D_1+D_2)$；　　　$D_1=1.6d_s$；D_2由结构定；$D_0=0.5(D_1+D_2)$；
$d_0=0.25(D_2-D_1)$；$S=0.3b$，但不小于10mm；　　　$d_0=0.25(D_2-D_1)$；$S=3×7$，但不小于10mm；
当$b=(1～1.5)d$时，取$L=b$，否则取$L=(1.2～1.5)d$　　　$S_1=0.2b$，但不小于10mm；$L=(1～1.2)d_s$；L_1由结构定

图 4-40　腹板式齿轮

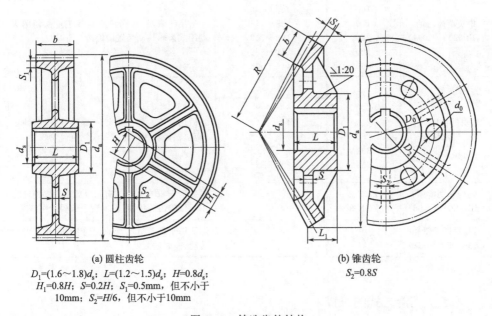

(a) 圆柱齿轮　　　　　　　　　　　　　　(b) 锥齿轮

$D_1=(1.6～1.8)d_s$；$L=(1.2～1.5)d_s$；$H=0.8d_s$；　　　$S_2=0.8S$
$H_1=0.8H$；$S=0.2H$；$S_1=0.5mm$，但不小于
10mm；$S_2=H/6$，但不小于10mm

图 4-41　铸造齿轮结构

十五、齿轮传动的润滑方式

润滑对齿轮传动具有很大的影响，良好的润滑能够减小或减轻齿面的摩擦和磨损、吸收振动、降低噪声、散热冷却、提高承载能力、提高传动效率、延长齿轮工

作寿命等。

（一）润滑剂的选择

常用润滑剂可参考表 4-21 所示。

表 4-21 齿轮传动常用润滑剂

名称	牌号	运动黏度 $\nu/(mm/s)(40℃)$	应用
全损耗系统用油 (GB 443—89)	L-AN46 L-AN68 L-AN100	41.4～50.6 61.2～74.8 90.0～110.0	适用于对润滑油无特殊要求的锭子、轴承、齿轮和其他低负荷机械等部件的润滑
工业齿轮油 (SY 1172—89)	68 100 150 220 320	61.2～74.8 90～110 135～165 198～242 288～352	适用于工业设备齿轮的润滑
中负荷齿轮油 (GB 5903—2011)	68 100 150 220 320 460	61.2～74.8 90～110 135～165 198～242 288～352 414～506	适用于煤炭、水泥和冶金等工业部门的大型闭式齿轮传动装置的润滑
硫-磷型极压工业齿轮油	120 150 200 250 300 350	50℃ 110～130 130～170 180～220 230～270 280～320 330～370	适用于经常处于边界润滑的重载、高冲击的直、斜齿轮和蜗轮装置轧钢机齿轮装置
钙钠基润滑脂 (ZBE 86001—88)	ZGN-2 ZGN-3		适用于 80～100℃,有水分或较潮湿的环境中工作的齿轮传动,但不适于低温工作情况
石墨钙基润滑脂 (ZBE 36002—88)	ZG-S		适用于起重机底盘的齿轮传动、开式齿轮传动、需耐潮湿处

（二）润滑方式的选择

对于开式及半开式齿轮传动，或速度较低的闭式齿轮传动，通常用人工周期性加油润滑，所用润滑剂为润滑油或润滑脂。

对于闭式齿轮传动，其润滑方式根据齿轮的圆周速度大小而定。如图 4-42 所示，当齿轮的圆周速度 $v<12m/s$ 时，常将大齿轮的轮齿浸入油池中进行浸油润滑；在多级齿轮传动中，可借带油轮将油带到未浸入油池内的齿轮的齿面上。

当齿轮的圆周速度 $v>12m/s$ 时，应采用喷油润滑，即油泵或中心供油站以一定的压力供油,借助喷嘴将润滑油喷到轮齿的啮合面上,如图 4-43 所示。

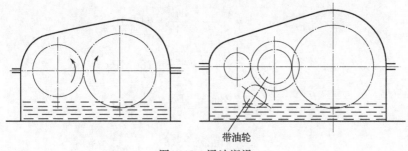

图 4-42 浸油润滑

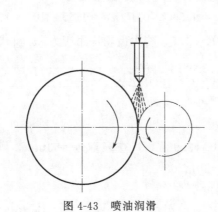

图 4-43 喷油润滑

🏵 任务实施

图 4-1 所示某带式输送机传动装置设计步骤如下:

① 选择齿轮材料。由于载荷具有中等冲击,选用力学性能较好的材料。小齿轮选用 40MnB,调质处理,齿面硬度为 260HBS。大齿轮选用 ZG35SiMn,调质处理,齿面硬度为 225HBS。

② 确定齿数和齿宽系数。

小齿轮齿数取 $z_1=30$,$z_2=iz_1=3.7\times30=111$,齿宽系数 $\psi_d=1$。

③ 确定许用应力。根据两齿轮的齿面硬度,查表得两齿轮的齿根弯曲疲劳极限和齿面接触疲劳极分别为

$$\sigma_{Flim1}=0.95\times260=247\text{MPa}$$
$$\sigma_{Flim2}=0.8\times225=180\text{MPa}$$
$$\sigma_{Hlim1}=2.5\times260=650\text{MPa}$$

$$\sigma_{Hlim2} = 2.3 \times 225 \approx 518 \text{MPa}$$

查表取 $S_{Hlim} = S_{Flim} = 1$，则得齿根许用弯曲应力和齿面许用接触应力分别为

$$[\sigma_{F1}] = \frac{\sigma_{Flim1}}{S_{Flim}} = \frac{247}{1} = 247 \text{MPa}$$

$$[\sigma_{F2}] = \frac{\sigma_{Flim2}}{S_{Flim}} = \frac{180}{1} = 180 \text{MPa}$$

$$[\sigma_{H1}] = \frac{\sigma_{Hlim1}}{S_{Hlim}} = \frac{650}{1} = 650 \text{MPa}$$

$$[\sigma_{H2}] = \frac{\sigma_{Hlim2}}{S_{Hlim}} = \frac{518}{1} = 518 \text{MPa}$$

④ 按齿面接触疲劳强度条件确定小齿轮直径。

小齿轮所受转矩 $T_1 = 9.55 \times 10^6 P/n_1 = 9.55 \times 10^6 \times 17/745 \text{N} \cdot \text{mm} = 2.18 \times 10^5 \text{N} \cdot \text{mm}$，载荷系数 $K = 1.5$，将大齿轮许用应力 $[\sigma_{H2}]$ 代入公式得

$$d_1 \geqslant \sqrt[3]{\frac{2KT_1}{\psi_d} \times \frac{u \pm 1}{u} \left(\frac{Z_E Z_H}{[\sigma_H]}\right)^2} = \sqrt[3]{\frac{2 \times 1.5 \times 2.18 \times 10^5}{1} \times \frac{3.7 \pm 1}{3.7} \left(\frac{189.8 \times 2.5}{[\sigma_H]}\right)^2} = 88$$

⑤ 确定模数和齿宽。

$m = d_1/m_1 = 88/30 = 2.93 \text{mm}$，查表取 $m = 3 \text{mm}$，则 $d_1 = mz_1 = 3 \times 30 = 90 \text{mm}$。齿宽 $b = \psi_d d_1 = 90 \text{mm}$。

⑥ 验算齿根弯曲强度。

查表得齿形系数 $Y_{Fa1} = 2.52$，$Y_{Fa2} = 2.17$，应力修正因数 $Y_{Sa1} = 1.625$，$Y_{Sa2} = 1.80$，由公式得

$$\sigma_{F1} = \frac{2KT_1}{bm^2 z_1} Y_{Fa1} Y_{Sa1} = \frac{2 \times 1.5 \times 218000}{90 \times 3^2 \times 30} \times 2.52 \times 1.625 = 110.2 \text{MPa} \leqslant [\sigma_{F1}]$$

因为

$$\frac{\sigma_{F1}}{Y_{Fa1} Y_{Sa1}} = \frac{\sigma_{F2}}{Y_{Fa2} Y_{Sa2}}$$

所以

$$\sigma_{F2} = \frac{Y_{Fa2} Y_{Sa2}}{Y_{Fa1} Y_{Sa1}} \sigma_{F1} = \frac{2.17 \times 1.80}{2.52 \times 1.625} \times 110.2 = 105.1 \text{MPa} \leqslant [\sigma_{F2}]$$

两齿轮的齿根弯曲应力均小于许用弯曲应力，故两齿轮的弯曲应力足够。

⑦ 计算几何尺寸。

分度圆直径为

$$d_1 = mz_1 = 3 \times 30 = 90 \text{mm}$$

$$d_2 = mz_2 = 3 \times 111 = 333 \text{mm}$$

中心距为

$$a = \frac{1}{2}(z_1 + z_2)m = 211.5\text{mm}$$

其他几何尺寸略。

思考与练习题

1. 齿轮传动与其他机械传动相比有什么特点？举出若干机械中应用齿轮传动的实例。
2. 说明渐开线的性质。
3. 说明直齿圆柱齿轮传动的正确啮合条件和连续传动条件。
4. 何为根切？有何危害？如何避免？
5. 已知一正常齿制标准直齿圆柱齿轮，$m=5\text{mm}$，$z=40$，试求齿轮分度圆、齿顶圆、齿根圆、基圆直径和齿顶圆压力角。
6. 齿轮的精度等级有哪些？如何选择齿轮的精度等级？
7. 齿轮传动的失效形式有哪些？开式、闭式齿轮传动的主要失效形式有何区别？
8. 相啮合的齿轮，大、小齿轮齿面接触应力是否相等？如何比较两齿轮齿面接触强度的高低？
9. 一对外啮合标准直齿圆柱齿轮，测得其中心距为160mm，两齿轮的齿数分别为 $z_1=20$、$z_2=44$，求两齿轮的主要几何尺寸。
10. 有一对标准直齿圆柱齿轮，$m=2\text{mm}$、$\alpha=20°$、$z_1=25$、$z_2=50$、$n_1=960\text{r/min}$，试求转速n_2、中心距 a、齿距 p。

项目五 轮系及其传动比计算

学习目标

1. 掌握轮系的类型。
2. 熟悉定轴轮系和行星轮系的区别。
3. 掌握轮系传动比的计算方法。
4. 熟悉轮系的应用。

任务引入

图 5-1 所示为某汽车变速箱示意图,已知 $z_1=20$、$z_2=35$、$z_3=28$、$z_4=27$、$z_5=18$、$z_6=37$、$z_7=14$,轴 Ⅰ 的转速 $n_1=1000\text{r/min}$,试分析该车能实现几挡车速?

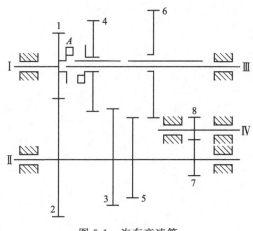

图 5-1 汽车变速箱

相关知识

一、齿轮系及其分类

在一般机械中,通常一对齿轮传动难以满足机器工作要求,需要一系列的齿轮来完成工作。如卷扬机要通过减速器将电动机的高转速降至生产要求的转速;机床要通过变速箱将电动机的单一转速变为多级转速;汽车要通过差速器将发动机的运动分解为两驱动轮的运动。这种由一系列齿轮组成的传动系统称为齿轮系,简称轮系。

(一)定轴轮系和周转轮系

根据轮系运转时齿轮轴线是否固定,将轮系分为定轴轮系和周转轮系。

1. 定轴轮系

在轮系运转过程中,每个齿轮的几何轴线位置都是固定不变的,这种轮系称为定轴轮系,如图 5-2 所示。

2. 周转轮系

轮系中至少有一个齿轮的几何轴线绕另一齿轮固定轴线转动,这样的轮系称为周转轮系,如图 5-3 所示。

周转轮系中,根据自由度的不同又可以分为差动轮系和行星轮系。

(1) 差动轮系

自由度为 2 的周转轮系称为差动轮系。此轮系中有两个原动件,中心轮都运动,如图 5-3(a) 所示。

(2) 行星轮系

自由度为 1 的周转轮系称为行星轮系。此轮系中有一个原动件,中心轮有一个不运动,如图 5-3(b) 所示。

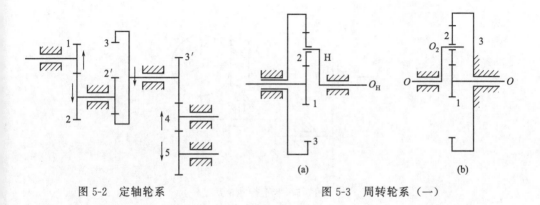

图 5-2 定轴轮系　　　　　图 5-3 周转轮系(一)

3. 复合轮系

将定轴轮系和周转轮系组合在一起或将几个周转轮系组合在一起的轮系称为复合轮系，如图 5-4 所示。

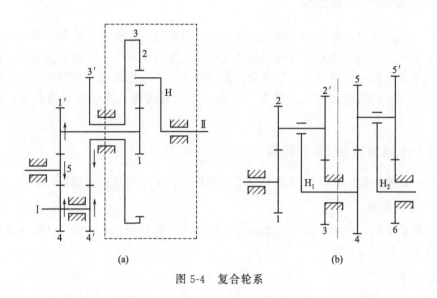

图 5-4 复合轮系

（二）平行轴轮系和非平行轴轮系

1. 平行轴轮系

轮系中，各齿轮的几何轴线相互平行，这种轮系称为平行轴轮系，如图 5-2 所示。

2. 非平行轴轮系

轮系中，各齿轮的几何轴线并不完全平行，这种轮系称为非平行轴轮系，如图 5-5 所示。

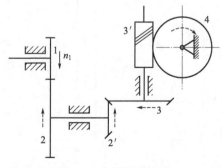

图 5-5 非平行轴轮系

二、轮系传动比计算

（一）定轴轮系传动比计算

1. 定轴轮系传动比计算公式

轮系中，首轮和末轮的角速度或转速之比，称为轮系的传动比，用 i 表示，并用下角标表示这两个齿轮。

图 5-6 所示的一对圆柱齿轮传动可视为最简单的定轴轮系，若齿轮 1 是主动齿轮（即首轮），齿轮 2 是从动齿轮（即末轮），其传动比为

$$i_{12} = \frac{\omega_1}{\omega_2} = \frac{n_1}{n_2} = \pm \frac{z_2}{z_1} \tag{5-1}$$

图 5-6(a) 所示为一对外啮合圆柱齿轮传动，两轮转向相反，取负号；图 5-6(b) 所示为一对内啮合圆柱齿轮传动，两轮转向相同，取正号。

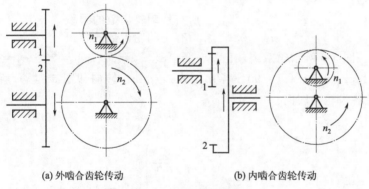

(a) 外啮合齿轮传动　　　　　(b) 内啮合齿轮传动

图 5-6　圆柱齿轮传动

在图 5-2 所示的定轴轮系中，若齿轮 1 是主动齿轮，z_1、z_2、$z_{2'}$、z_3、$z_{3'}$、z_4、z_5 分别表示各齿轮齿数，n_1、$n_2(n_2')$、$n_3(n_3')$、n_4、n_5 分别对应为各齿轮的转速。按上述表达方式，则各对啮合齿轮的传动比为：

$$i_{12} = \frac{n_1}{n_2} = -\frac{z_2}{z_1}, \quad n_2 = n_1\left(-\frac{z_1}{z_2}\right)$$

$$i_{2'3} = \frac{n_{2'}}{n_3} = \frac{z_3}{z_{2'}}, \quad n_3 = n_{2'}\left(\frac{z_{2'}}{z_3}\right) = n_1\left(-\frac{z_1}{z_2}\right)\left(\frac{z_{2'}}{z_3}\right)$$

$$i_{3'4} = \frac{n_{3'}}{n_4} = -\frac{z_4}{z_{3'}}, \quad n_4 = n_{3'}\left(-\frac{z_{3'}}{z_4}\right) = n_1\left(-\frac{z_1}{z_2}\right)\left(\frac{z_{2'}}{z_3}\right)\left(-\frac{z_{3'}}{z_4}\right)$$

$$i_{45} = \frac{n_4}{n_5} = -\frac{z_5}{z_4}, \quad n_5 = n_4\left(-\frac{z_4}{z_5}\right) = n_1\left(-\frac{z_1}{z_2}\right)\left(\frac{z_{2'}}{z_3}\right)\left(-\frac{z_{3'}}{z_4}\right)\left(-\frac{z_4}{z_5}\right)$$

轮系的传动比为：

$$i_{15} = \frac{\omega_1}{\omega_5} = \frac{n_1}{n_5} = \left(-\frac{z_2}{z_1}\right)\left(\frac{z_3}{z_{2'}}\right)\left(-\frac{z_4}{z_{3'}}\right)\left(-\frac{z_5}{z_4}\right)$$

$$= i_{12} i_{2'3} i_{3'4} i_{45} = (-1)^3 \frac{z_2 z_3 z_4 z_5}{z_1 z_{2'} z_{3'} z_4} = -\frac{z_2 z_3 z_5}{z_1 z_{2'} z_3}$$

上述计算结果表明，定轴轮系的传动比等于组成该轮系的各对齿轮传动比的连乘积，也等于轮系中从动齿轮齿数的连乘积与主动齿轮齿数连乘积之比。首、末两轮的转向是否相同，取决于轮系中外啮合次数。此外，齿轮 4 同时与齿轮 $3'$ 和齿轮 5 啮合，做一次主动齿轮又做一次从动齿轮，其齿数 z_4，在计算中可消去，即齿轮 4 不影响轮系传动比的大小，却能改变从动齿轮的转向。这种齿轮称为惰轮（或介轮）。

对于轮系中首、末两轮的转向，也可以在传动图上，根据外啮合两轮转向相反，内啮合两轮转向相同的关系，依次画转向箭头来确定，如图 5-2 所示。

综上所述，若以 1 表示首轮，k 表示末轮，m 表示 1 至 k 轮之间外啮合次数，则定轴轮系的传动比为：

$$i_{1k} = \frac{n_1}{n_k} = (-1)^m \frac{\text{所有从动轮齿数的乘积}}{\text{所有主动轮齿数的乘积}} \tag{5-2}$$

例 5-1 图 5-7 所示轮系中，已知 $z_1 = 18$、$z_2 = 54$、$z_{2'} = 20$、$z_3 = 80$、$z_{3'} = 21$、$z_4 = 63$、$z_{4'} = 20$、$z_5 = 90$。若 $n_1 = 800 \text{r/min}$，转向如图 5-7(a) 所示，求齿轮 5 转速及各齿轮的转向。

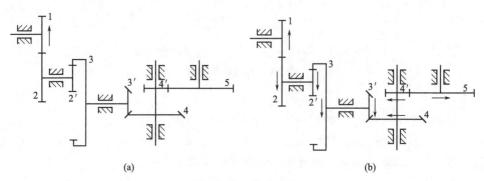

图 5-7 轮系传动示例

解：图中有锥齿轮，所以只能用公式计算传动比的大小，即

$$i_{15} = \frac{\omega_1}{\omega_5} = \frac{n_1}{n_5} = \frac{z_2 z_3 z_4 z_5}{z_1 z_{2'} z_{3'} z_{4'}} = \frac{54 \times 80 \times 63 \times 90}{18 \times 20 \times 21 \times 20} = 162$$

$$n_5 = \frac{n_1}{i_{15}} = \frac{800}{162} = 4.94 \text{r/min}$$

各齿轮转向如图 5-7(b) 所示。

2. 计算时的注意事项

① 计算平行轴轮系传动比时，首末两齿轮的转向，可用 $(-1)^m$ 来确定，其中 m 为首轮 1 到末轮 k 间所有外啮合齿轮的对数。若传动比为正，则末轮转向与首轮相同；若传动比为负，则末轮转向与首轮相反。

② 计算非平行轴轮系传动比时，仍可以用式(5-2) 计算，但首末两齿轮的转向不能用 $(-1)^m$ 来确定，需要在传动图中画箭头表示。

（二）周转轮系传动比计算

1. 周转轮系的组成

图 5-8 所示的轮系中，齿轮 1 和 3 以及杆 H 分别绕着固定的几何轴线转动，并且轴线重合。齿轮 2 空套在杆 H 上，它既绕着几何轴线 O_2 转动，又随着杆 H 绕着几何轴线 O_H 转动，这样的轮系为周转轮系。齿轮 1 和 3 这样绕着固定轴线转动的齿轮称为太阳轮（或中心轮），齿轮 2 这样轴线位置变动的齿轮称为行星轮，杆 H 这样支承行星轮的构件称为系杆（或行星架）。

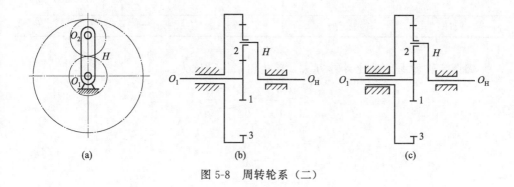

图 5-8　周转轮系（二）

2. 周转轮系的计算

由于周转轮系中行星轮不是绕固定的轴线转动，所以其传动比不能直接用求解定轴轮系传动比的方法来计算。但是，根据相对运动原理，如果给整个周转轮系加上一个与系杆 H 大小相等、方向相反的转速 "$-n_H$"，如图 5-9(a) 所示，各构件间的相对运动关系不变，而系杆相对固定不动。当系杆相对固定时，行星轮便绕固定的轴线转动，将原来的周转轮系转化成定轴轮系，这一定轴轮系称为原周转轮系的转化轮系。建立转化轮系中各齿轮的转速和齿数的关系，从而找出周转轮系中任意两个构件的传动比。

转化轮系中各构件的转速及传动比用带上角标 "H" 的符号表示。转化前后轮系中各构件的转速列于表 5-1 中。

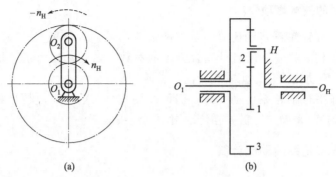

图 5-9 转化轮系

▫ 表 5-1 转化前后轮系中各构件转速

构件	原来的转速	转化轮系中的转速
1	n_1	$n_1^H = n_1 - n_H$
2	n_2	$n_2^H = n_2 - n_H$
3	n_3	$n_3^H = n_3 - n_H$
H	n_H	$n_H^H = n_H - n_H = 0$

参照定轴轮系传动比计算方法，转化轮系传动比为：

$$i_{13}^H = \frac{n_1^H}{n_3^H} = \frac{n_1 - n_H}{n_3 - n_H}$$

$$i_{13}^H = (-1)^1 \frac{z_2 z_3}{z_1 z_2} = -\frac{z_3}{z_1}$$

$$\frac{n_1 - n_H}{n_3 - n_H} = -\frac{z_3}{z_1}$$

上式中包含了周转轮系中各构件的转速和齿数之间的关系。若已知各轮齿数和 n_1、n_2、n_H 任意两个转速，便可求出另一个构件的转速，进而就可以求出三个构件中任意两个构件之间的传动比。

由上述分析，如果设 1、k 为周转轮系中的首、末两轮，得出转化轮系传动比的一般计算式：

$$i_{1k}^H = \frac{n_1^H}{n_k^H} = \frac{n_1 - n_H}{n_k - n_H} = (-1)^m \frac{\text{齿轮 1、}k\text{ 间所有从动轮齿数的乘积}}{\text{齿轮 1、}k\text{ 间所有主动轮齿数的乘积}} \qquad (5-3)$$

应用上式时应注意：

① 公式只适用于齿轮 1、k 和系杆 H 之间的回转轴线互相平行的情况。

② 齿数比前的"±"号表示的是在转化轮系中，齿轮 1、k 之间相对于系杆 H 的转向关系，它可由画箭头的方法确定。

③ 式(5-3)中 n_1、n_k、n_H 均为代数值,在计算中必须同时代入正、负号,一般可以先事先假设一个转向为正,求得的结果也为代数值,即同时求得了构件转速的大小和转向。

④ i_{1k}^H 与 i_{1k} 是完全不同的两个概念。i_{1k}^H 是转化轮系中 1、k 两轮相对于系杆 H 的相对转速之间的传动比;而 i_{1k} 是周转轮系中 1、k 两轮绝对转速之间的传动比。

例 5-2 如图 5-10 所示的差动轮系,各轮的齿数为:$z_1=15$、$z_2=25$、$z_{2'}=20$、$z_3=60$。已知 $n_1=400\text{r/min}$,$n_3=90\text{r/min}$,求系杆 H 的转速 n_H。

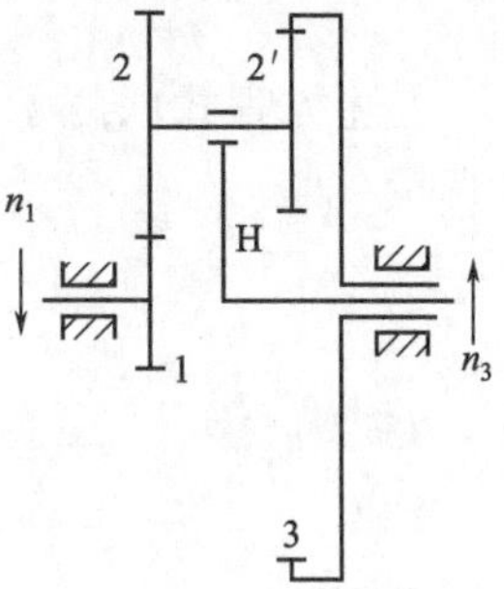

解:若齿轮 1 转速 n_1 为正,齿轮 3 转速 n_3 与之相反,则 n_3 为负。该轮系为平行轴轮系,可以直接应用式(5-3)计算:

$$i_{13}^H = \frac{n_1 - n_H}{n_3 - n_H} = (-1)^1 \frac{z_2 z_3}{z_1 z_{2'}}$$

代入已知参数

$$i_{13}^H = \frac{400 - n_H}{-90 - n_H} = (-1)^1 \frac{25 \times 60}{15 \times 20} = -5$$

$$n_H = -8.33\text{r/min}$$

图 5-10 差动轮系

负号说明 n_1 和 n_H 转向相反。

(三)复合轮系传动比计算

在机械设备中,除广泛使用单一的定轴轮系或单一的周转轮系外,还大量使用由定轴轮系和周转轮系或几套周转轮系组成的复合轮系。求解复合轮系的传动比不能直接用上述的方法简单求得,需要先将轮系进行分解,分解成若干个定轴轮系和周转轮系,再分别列出各轮系传动比计算方程式,最后根据各轮系之间的关系联立求解复合轮系的传动比。

将复合轮系分解为定轴轮系和周转轮系的步骤是:仔细观察整个轮系,首先找出轮系中的周转轮系,再找出轮系中的定轴轮系。在找周转轮系时,应先找出轮系中的几何轴线运动的行星轮,再找出支持行星轮运动的行星架,最后找出与行星轮相啮合的太阳轮。找出一个周转轮系后,再找出第二个周转轮系,把所有的周转轮系找出后,剩下的部分便是定轴轮系。在找行星架时,有时行星架不是杆状,而是其他形状。

例 5-3 图 5-11 所示的复合轮系中,已知各齿轮的齿数为 $z_1=25$、$z_2=50$、$z_{2'}=25$、$z_3=40$、$z_4=75$。试求该轮系的传动比 i_{1H}。

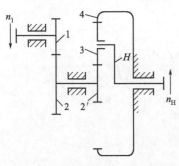

图 5-11 复合轮系传动比计算

项目五 轮系及其传动比计算 109

解：分析轮系类型，这是一个的复合轮系，由平行轴周转轮系 2'-3(H)-4 和平行轴定轴轮系 1-2 两部分组成，其中齿轮 2 和 2' 为双联齿轮，所以 $n_2 = n_{2'}$，齿轮 4 为机架，所以 $n_4 = 0$。

在周转轮系中传动比为

$$i_{2'4} = \frac{n_{2'} - n_H}{n_4 - n_H} = (-1)^1 \frac{z_3 z_4}{z_{2'} z_3} = -\frac{z_4}{z_3}$$

在定轴轮系中传动比为

$$i_{12} = \frac{n_1}{n_2} = (-1)^1 \frac{z_2}{z_1}$$

上述方程式联立求解，将已知参数中的齿数、$n_2 = n_{2'}$、$n_4 = 0$ 代入上式中得

$$i_{2'4} = \frac{n_2 - n_H}{0 - n_H} = -3$$

$$i_{12} = \frac{n_1}{n_2} = -\frac{50}{25} = -2$$

计算得

$$i_{1H} = \frac{n_1}{n_H} = -8$$

i_{1H} 为负值，说明 n_1 和 n_H 转向相反。

三、轮系的应用

轮系广泛应用于各种机械中，它的功用主要有以下几个方面。

1. 获得大的传动比

采用一对齿轮传动时，若传动比过大，则两齿轮直径相差过大，会造成两齿轮寿命悬殊的问题，而且制造安装不方便，此时可采用轮系避免上述问题，如图 5-12 所示。

2. 实现变速、变向传动

在主动轴转速不变的情况下，利用轮系可使从动轴获得多种转速和转向，例如汽车变速箱，当输入轴转速一定时，通过不同的齿轮啮合，可使输出轴获得四种转速。也可以利用惰轮或改变齿轮数目来改变从动轴的转向。图 5-13 所示为车床上走刀丝杆的三星轮换向机构，扳动手柄可实现两种传动方案。

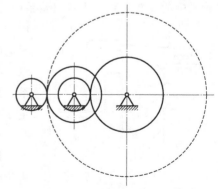

图 5-12 获得大的传动比

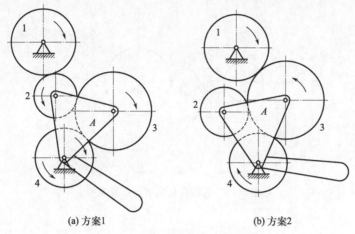

(a) 方案1　　　　　　　　　(b) 方案2

图 5-13　改变中间齿轮数实现转向

3. 实现运动的合成和分解

如前所述，差动轮系中三个构件都能运动，利用差动轮系具有两个自由度的特性，可将两个输入运动合成一个输出运动，也可以将一个输入运动分解成两个输出运动。图 5-14 所示为滚齿机中的差动齿轮系，滚切斜齿轮时，由齿轮 4 传递来的运动传给中心轮 1，转速为 n_1；由蜗轮 5 传递来的运动传给系杆 H，使其转速为 n_H。这两个运动经齿轮系合成后变成齿轮 3 的转速 n_3 输出。

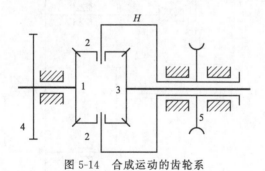

图 5-14　合成运动的齿轮系

4. 实现远距离的两轴之间的传动

如图 5-15 所示，两轴距离较远，若采用一对齿轮传递运动，则两个齿轮的直径过大，增加机构整体尺寸；若采用轮系，则可以减小齿轮直径，使机构紧凑。

5. 实现分路传动

利用轮系，可以通过主动轴上的若干个齿轮将运动分别传给多个工作元件，来

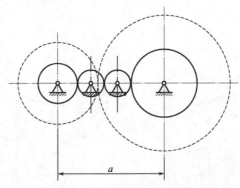

图 5-15 远距离传递运动的轮系

实现分路传动。如图 5-16 所示为滚齿机上滚刀与轮坯之间做展成运动的传动简图。滚齿加工要求滚刀和轮坯的转速满足一定的传动比关系。主动轴Ⅰ通过该轴上的齿轮 1 和 3，分两路把运动传递给滚刀及轮坯，从而使刀具和轮坯之间具有确定的运动关系，完成范成运动。

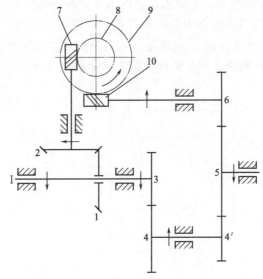

图 5-16 滚齿机工作台的传动机构

任务实施

① 对图 5-1 中汽车变速箱进行结构分析可知，该轮系属于定轴轮系，该汽车变

速箱有四挡转速。第一挡传动路线为齿轮 1→2→5→6；第二挡为齿轮 1→2→3→4；第三挡由离合器直接将Ⅰ轴和Ⅲ轴相连，为直接挡；第四挡为齿轮 1→2→7→8→6，为倒挡。

② 计算各挡转速：

第一挡：

$$i_{16}=\frac{n_1}{n_3}=\frac{z_2 z_6}{z_1 z_5}=\frac{35\times 37}{20\times 18}=\frac{259}{72}$$

$$n_3=\frac{72}{259}n_1=\frac{72}{259}\times 1000=300 \text{r/min}$$

第二挡：

$$i_{14}=\frac{n_1}{n_3}=\frac{z_2 z_4}{z_1 z_3}=\frac{35\times 27}{20\times 28}=\frac{189}{112}$$

$$n_3=\frac{112}{189}n_1=\frac{112}{189}\times 1000=593 \text{r/min}$$

第三挡：

$$n_3=n_1=1000 \text{r/min}$$

第四挡：

$$i_{16}=\frac{n_1}{n_3}=-\frac{z_2 z_8 z_6}{z_1 z_7 z_8}=-\frac{z_2 z_6}{z_1 z_7}=-\frac{35\times 37}{20\times 14}=-\frac{37}{8}$$

$$n_3=-\frac{8}{37}n_1=-\frac{8}{37}\times 1000=-216 \text{r/min}$$

四挡中，第四挡的转速 n_1 与 n_3 方向相反，所以该挡为倒挡。

思考与练习题

1. 什么是定轴轮系？什么是周转轮系？
2. 定轴轮系传动比如何计算？传动比的符号表示什么意思？
3. 何为惰轮？它在轮系中有何作用？
4. 行星轮系和差动轮系有何区别？
5. 何为转化轮系？为什么要引入转化轮系？
6. 在使用转化轮系传动比计算式时应注意什么？
7. 题图 5-1 所示的轮系中，各标准齿轮齿数为 $z_1=z_2=20$、$z_{3'}=20$、$z_4=30$、$z_{4'}=22$、$z_5=34$。试计算齿轮 3 的齿数 z_3 及传动比 i_{15}，画出齿轮 5 的转向。
8. 题图 5-2 所示为钟表的传动机构，已知各齿轮齿数 $z_1=72$、$z_2=12$、$z_{2'}=64$、$z_{2''}=z_3=z_4=8$、$z_{3'}=60$、$z_5=z_6=24$、$z_{5'}=6$。试计算分针 m 和秒针 s 之间的传动比 i_{ms}，计算时针 h 和分针 m 之间的传动比 i_{hm}。当各指针转向符合人的习惯时，画出齿轮 1 应有的转向。

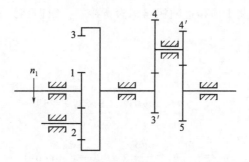

题图 5-1

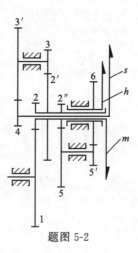

题图 5-2

项目六
带传动设计

学习目标

1. 了解各种带传动的特点及应用范围，能合理完成对各种带传动的比较和选用。
2. 掌握带传动中各种力和应力的关系。
3. 掌握带的弹性滑动和打滑现象。
4. 掌握带传动的失效形式、设计准则及参数选择。

任务引入

已知传动带传递的功率 $P=7\mathrm{kW}$，主动带轮由普通异步电动机驱动，主动带轮的转速 $n_1=970\mathrm{r/min}$，从动带轮的转速 $n_2=420\mathrm{r/min}$，两班制工作，中心距为 580mm 左右，载荷变动较小。试设计一个 V 带传动机构。

相关知识

一、带传动概述

（一）带传动的组成及工作原理

带传动通常是由主动带轮 1、从动带轮 2 和张紧在两轮上的环形带 3 组成的，如图 6-1 所示。在驱动力作用下，主动带轮转动，通过带和带轮之间的摩擦力（或啮合）的作用，驱使从动带轮转动来传递运动和力。带传动是依靠中间挠性件来传递运动和力的。

（二）带传动的特点

带传动具有以下主要特点：

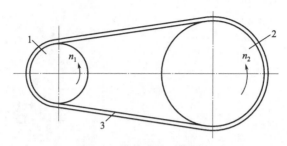

图 6-1 带传动的工作原理

优点：① 传动带有良好弹性，具有缓冲、减振作用，运转平稳，噪声小；
② 依靠摩擦力传动，但过载时，带与带轮打滑，可保护其他零件；
③ 结构简单，制造、安装、维护方便；
④ 适用于中心距较大的两轴间的传动。
缺点：① 弹性滑动（速度损失，传动比不恒定）；
② 轴及轴承受力较大；
③ 摩擦大，传动带寿命短，传动效率低；
④ 结构不紧凑。
带传动应用范围：不宜用于大功率传动（传动带的工作速度一般为 5～25m/s，带速不宜过低或过高，否则均会降低带传动的传动能力）；一般用于传动比 $i \leqslant 5$（最大可达到 10），且要求传动平稳，传动比要求不高的场合。

（三）带传动的类型

根据工作原理的不同，带传动可以分为摩擦带传动和啮合带传动两类。摩擦带传动应用更广泛，依靠摩擦力传递运动和力；啮合带传动依靠带与带轮相互啮合传递运动和力。摩擦带传动根据传动带横截面形状的不同，可以分为平带传动［图 6-2(a)］、V 带传动［图 6-2(b)］、多楔带传动［图 6-2(c)］和圆带传动［图 6-2(d)］。啮合带传动主要有同步带传动［图 6-2(e)］。

(1) 平带传动

平带的横截面的形状为矩形，其工作面为与带轮相接触的内表面，已经标准化。该种类型的带结构简单，配套的带轮也容易制造，在传动中心距较大的场合应用较多。

(2) V 带传动

V 带的横截面的形状为梯形，其工作面为与槽轮接触的两个侧面。其在一般机械传动中应用最为广泛，传动功率大、结构简单、价格便宜。由于带与带轮间是 V 形槽面摩擦，故可产生比平带更大的有效圆周力（约为 3 倍）。

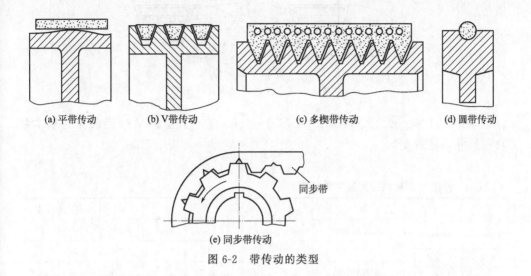

图 6-2 带传动的类型

(3) 圆带传动

圆带的横截面的形状为圆形。工作时,由于圆带与带轮间的摩擦力较小,故传递功率小。圆带传动只适用于低速、轻载的机械,如缝纫机、磁带盘等传动机构。

(4) 多楔带传动

多楔带的横截面的形状为楔形,其工作面为楔的侧面,兼有平带和V带的优点,工作接触面数多、摩擦力大、柔韧性好,用于结构紧凑而传递功率较大的场合,解决多根V带长短不一而受力不均的问题。

(5) 同步带传动

同步带的横截面形状多为齿形。由于同步带的工作面呈齿形,与带轮的齿槽做啮合传动,并由带的抗拉层承受负载,故带与带轮之间没有相对滑动,从而使主动、从动带轮间能做无滑差的同步传动。同步带传动的速度范围很宽,从几转每分钟到线速度40m/s以上,传动效率可达99.5%,传动比可达10,传动功率从几瓦到数百千瓦。同步带现已在各种仪器、计算机、汽车、工业缝纫机、纺织机和其他通用机械中得到广泛应用。

二、V带和带轮

(一) V带的结构

V带分为普通V带、窄V带、大楔角V带、齿形V带、联组V带和接头V带等,其中普通V带的应用最广泛,普通V带横截面结构如图6-3所示,由顶胶、抗拉体、底胶和包布四部分组成,被制成没有接头的环形。普通V带已经标准化,根据横截面面积大小的不同,分为Y、Z、A (AX)、B (BX)、C (CX)、D、E七种型号。

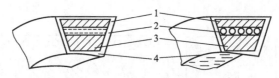

图 6-3 标准 V 带结构图

1—顶胶；2—抗拉体；3—底胶；4—包布

GB/T 11544—2012、GB/T 13575.1—2022 规定了普通 V 带横截面的基本参数和尺寸，见表 6-1。

☐ 表 6-1 普通 V 带横截面的基本参数表

型号	Y	Z	A	B	C	D	E
顶宽 b/mm	6.0	10.0	13.0	17.0	22.0	32.0	38.0
节宽 b_p/mm	5.3	8.5	11	14	19	27	32
高度 h/mm	4.0	6.0	8.0	11.0	14.0	19.0	23.0
楔角 α	40°						
单位长度质量 m/(kg/m)	0.04	0.06	0.1	0.17	0.30	0.60	0.87

安装时，V 带在张紧力的作用下弯绕在两个带轮上，其外层受到拉力伸长，内层受到压力缩短，两层之间存在一长度不变的中性层，沿中性层形成的面称为节面，节面的宽度称为节宽，用 b_p 表示，节面上带的长度称为基准长度，用 L_d 表示。在 V 带轮上与 V 带节宽相对应的轮槽宽度称为带轮槽的基准宽度，用 b_d 表示。带轮槽基准宽度位置的直径叫基准直径，用 d_d 表示。普通 V 带基准长度系列和带长修正系数见表 6-2。

☐ 表 6-2 普通 V 带基准长度（L_d）系列和带长修正系数（K_L） mm

Y		Z		A、AX		B、BX		C、CX		D		E	
L_d	K_L	L_d	K_L	L_d	K_L	L_d	K_L	L_d	K_L	L_d	K_L	L_d	K_L
200	0.81	405	0.87	630	0.81	930	0.83	1565	0.82	2740	0.82	4660	0.91
224	0.82	475	0.90	700	0.83	1000	0.84	1760	0.85	3100	0.86	5040	0.92
250	0.84	530	0.93	790	0.85	1100	0.86	1950	0.87	3330	0.87	5420	0.94
280	0.87	625	0.96	890	0.87	1210	0.87	2195	0.90	3730	0.90	6100	0.96
315	0.89	700	0.99	990	0.89	1370	0.90	2420	0.92	4080	0.91	6850	0.99
355	0.92	780	1.00	1100	0.91	1560	0.92	2715	0.94	4620	0.94	7650	1.01
400	0.96	920	1.04	1250	0.93	1760	0.94	2880	0.95	5400	0.97	9150	1.05
450	1.00	1080	1.07	1430	0.96	1950	0.97	3080	0.97	6100	0.99	12230	1.11
500	1.02	1330	1.13	1550	0.98	2180	0.99	3520	0.99	6840	1.02	13750	1.15

续表

Y		Z		A、AX		B、BX		C、CX		D		E	
L_d	K_L	L_d	K_L	L_d	K_L	L_d	K_L	L_d	K_L	L_d	K_L	L_d	K_L
		1420	1.14	1640	0.99	2300	1.01	4060	1.02	7620	1.05	15280	1.17
		1540	1.54	1750	1.00	2500	1.03	4600	1.05	9140	1.08	16800	1.19
				1940	1.02	2700	1.04	5380	1.08	10700	1.13		
				2050	1.04	2870	1.05	6100	1.11	12200	1.16		
				2200	1.06	3200	1.07	6815	1.14	13700	1.19		
				2300	1.07	3600	1.09	7600	1.17	15200	1.21		
				2480	1.09	4060	1.13	9100	1.21				
				2700	1.10	4430	1.15	10700	1.24				
						4820	1.17						
						5370	1.20						
						6070	1.24						

（二）V 带轮的材料及结构

1. V 带轮材料

带轮是普通 V 带传动的重要零件，它必须具有足够的强度，但又要质量轻且分布均匀，轮槽的工作面对 V 带必须有足够的摩擦力，还要减少对带的磨损。

在工程当中，V 带轮材料常采用铸铁、钢、铝合金或工程塑料等。当带速 $v \leqslant 25\text{m/s}$ 时，V 带轮一般用灰铸铁 HT150；带速 $v = 25 \sim 30\text{m/s}$ 时一般采用 HT200；带速 $v \geqslant 30\text{m/s}$ 的高速带轮，可用铸钢或钢板冲压后焊接。当传递的功率较小时，带轮通常采用铝合金或工程塑料。

2. V 带轮的主要结构形式以及参数

V 带轮一般由轮缘、腹板（或孔板、轮辐）和轮毂三部分组成。在轮缘处有相应的轮槽，V 带轮的轮槽尺寸参数和轮毂尺寸参数见表 6-3 和表 6-4。

表 6-3 普通 V 带轮的轮槽截面尺寸　　　　　　　　　　　　　　　　　　mm

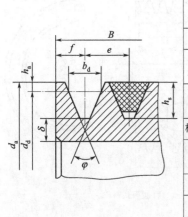

槽型剖面尺寸	V 带型号						
	Y	Z	A	B	C	D	E
槽深 h_s	6.3	9.5	12	15	20	28	33
基准线上槽深 $h_{a\min}$	1.6	2.0	2.75	3.5	4.8	8.1	9.6
槽间距 e	8±0.3	12±0.3	15±0.3	19±0.4	25.5±0.5	37±0.6	44.5±0.7
槽边距 $f_{\min}$	6	7	9	11.5	16	23	28
基准宽度 b_d	5.3	8.5	11	14	19	27	32
轮缘厚 δ	5	5.5	6	7.5	10	12	15
带轮轮缘宽度 B	$B = (z-1)e + 2f$，z 为带的根数						

续表

槽角 φ	32°	基准直径 d_d	≤60					
	34°		≤80	≤118	≤190	≤315		
	36°		>60				≤475	≤600
	38°			>80	>118	>190	>315	>475	>600

表 6-4 普通 V 带轮的结构尺寸（参照图 6-4） mm

结构尺寸	计算用经验公式及取值						
d_1	$d_1=(1.8\sim2)d_s$，d_s 为轴的直径						
D_0	$D_0=0.5(D_1+d_1)$						
d_0	$d_0=(0.2\sim0.3)(D_1-d_1)$						
L	$L=(1.5\sim2)d_s$，当 $B\leqslant1.5d_s$ 时，$L=B$						
S	型号	Y	Z	A	B	C	D	E
	$S_{\min}$	6	8	10	14	18	22	28
h_1	$h_1=\sqrt[3]{F_e d_d/(0.8z_a)}$，$F_e$ 为有效圆周力，N；z_a 为轮辐数；d_d 为基准直径，mm						
其他尺寸	$h_2=0.8h_1$；$b_1=0.4h_1$；$b_2=0.8b_1$；$f_1=0.2h_1$；$f_2=0.2h_2$						

根据轮辐的结构不同，V 带轮分为以下 4 种形式，如图 6-4 所示。

① 实心式结构。当带轮基准直径 $d_d\leqslant(2.5\sim3)d_s$ 时（d_s 为轴的直径），一般采用实心式结构。其主要结构形式如图 6-4(a) 所示。

② 腹板式结构。当带轮基准直径 $d_d\leqslant300\text{mm}$ 时，一般采用腹板式结构。其主要结构形式如图 6-4(b) 所示。

③ 孔板式结构。当 $d_d-d_b\geqslant100\text{mm}$ 时，一般采用孔板式结构。其主要结构形式如图 6-4(c) 所示。

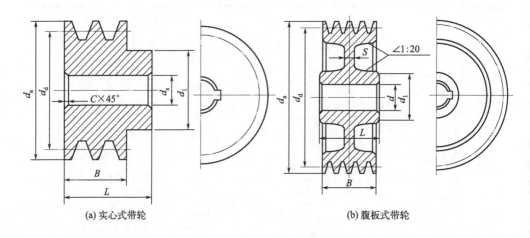

(a) 实心式带轮　　　　　　　(b) 腹板式带轮

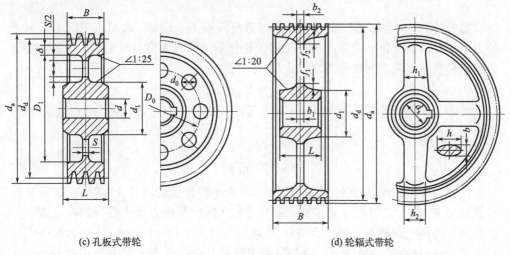

(c) 孔板式带轮　　　　　　　　　(d) 轮辐式带轮

图 6-4　V 带轮的结构形式

④ 轮辐式结构。当带轮基准直径 $d_d > 300\text{mm}$ 时，一般采用轮辐式结构。其主要结构形式如图 6-4(d) 所示。

三、带的受力分析

安装带传动机构时，传动带以一定的张紧力紧套在两个带轮上，这种张紧力称为初拉力 F_0。传动带静止时，带两边的拉力相等，均为初拉力 F_0。传动带工作时，由于带轮给带的摩擦力 F_f 的作用，绕进主动带轮 1 一侧的带被进一步拉紧，称为紧边，其拉力由 F_0 增大到 F_1；另一侧带则被放松，称为松边，其拉力由 F_0 减小到 F_2，如图 6-5 所示。

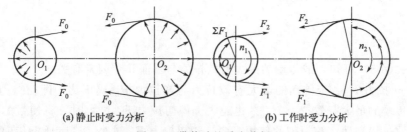

(a) 静止时受力分析　　　　　　　(b) 工作时受力分析

图 6-5　带传动的受力分析

带的变形符合胡克定律，即工作时环形带的总长度不变，则紧边拉力的增量等于松边拉力的减量，即

$$F_1 - F_0 = F_0 - F_2$$

或
$$F_1 + F_2 = 2F_0 \tag{6-1}$$

紧边拉力 F_1 与松边拉力 F_2 之差称为有效拉力，用 F_e 表示。实际上，有效拉力是工作机对带传动的需求力，是靠带轮与带之间的摩擦力产生的，因此它等于带与带轮接触弧面上的摩擦力之和，即

$$F_e = F_1 - F_2 = \sum F_f \tag{6-2}$$

此时，带所能传递的功率 P（kW）与有效拉力 F_e(N)、带速 v(m/s) 之间的关系为

$$P = \frac{F_e v}{1000} \tag{6-3}$$

由式(6-3) 可知，当带速 v 一定时，带传动所传递的功率 P 越大，则需要的有效拉力 F_e 越大，但正常工作时，带与带轮之间的摩擦力属于静摩擦，存在一个极限值，即最大摩擦力（或最大有效拉力 F_{emax}）。当传递的功率 P 增大到使有效拉力 F_e 超过该极限摩擦力时，带与带轮之间就会产生全面而显著的相对滑动，这种现象称为打滑。打滑时，带传动不能正常工作，而且会造成带的严重磨损，因此打滑是带传动的一种失效形式。

在即将打滑的状态下，带传动的有效拉力达到最大值。此时，根据挠性体摩擦的欧拉公式，对于平带传动，忽略离心力的影响，F_1 和 F_2 之间的关系为

$$\frac{F_1}{F_2} = e^{f\alpha_1} \tag{6-4}$$

式中　e——自然对数的底，e＝2.718；
　　　α_1——小带轮包角（带与带轮接触弧所对的中心角）；
　　　f——摩擦系数（V带使用当量摩擦系数 f_v）。

带的最大有效拉力为

$$F_{emax} = F_1 - F_2$$

由式(6-2) 和式(6-4) 得

$$F_{emax} = 2F_0 \frac{e^{f\alpha_1} - 1}{e^{f\alpha_1} + 1} \tag{6-5}$$

由式(6-5) 可知，带传动的最大有效拉力与下面几个因素有关。

① 初拉力 F_0。带传动的最大有效拉力与初拉力 F_0 成正比，即初拉力 F_0 越大，带传动的最大有效拉力 F_{emax} 也越大。但初拉力 F_0 过大时，将使带的磨损加剧，以致过快松弛，缩短带的使用寿命。若初拉力 F_0 过小，则带所能传递的功率 P 减小，运转时容易发生跳动和打滑的现象。

② 小带轮包角 α_1。带传动的最大有效拉力 F_{emax} 与主动带轮上的包角 α_1 也成正比。为了保证带具有一定的传动能力，在设计中一般要求主动带轮上的包角 $\alpha_1 \geq 120°$。

③ 摩擦系数 f。带传动的最大有效拉力 F_{emax} 随着摩擦系数的增大而增大，传动能力也随之增强。

四、带传动的应力分析和运动分析

（一）带传动的应力分析

传动带在工作过程中，其截面上有三种应力，分别为拉应力、离心拉应力和弯曲应力。下面分别介绍三种应力的计算方法。

1. 拉应力

带工作时，由于紧边与松边的拉力不同，其横截面上的拉应力也不相同。由材料力学可知，紧边拉应力 σ_1 与松边拉应力 σ_2 的计算公式分别为

$$\sigma_1 = \frac{F_1}{A}$$

$$\sigma_2 = \frac{F_2}{A} \tag{6-6}$$

式中，A 为带的横截面面积，m^2。

沿着带轮的转动方向，围绕在主动带轮上的横截面拉应力由 σ_1 逐渐降到 σ_2，与此同时，围绕在从动带轮上的横截面拉应力由 σ_2 逐渐增大到 σ_1，如图 6-6 所示。

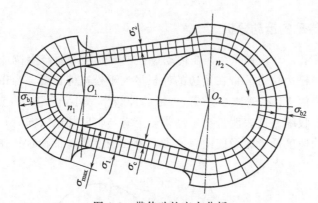

图 6-6 带传动的应力分析

2. 离心拉应力

工作时，带绕过带轮做圆周运动而产生离心力，离心力使带受拉，在横截面上产生离心拉应力 σ_c，其大小的计算公式为

$$\sigma_c = \frac{F_c}{A} = \frac{mv^2}{A} \tag{6-7}$$

式中，m 为带的单位长度质量，可以通过查询手册得到。其余符号的意义同前文所述。

通过式(6-7)，可以看出带速越高，离心拉应力越大，降低了带的使用年限；由式(6-3)可以知道，若带的传递功率不变，带速越低，带的有效拉力越大，所需要的带根数越多。所以，在设计中，一般将速度控制在 5～25m/s 内。

3. 弯曲应力

工作时，带绕过带轮会产生弯曲应力。一般情况下，带的主动、从动带轮的基准直径不同，带在两带轮上产生的弯曲应力也不同。弯曲应力的计算公式为

$$\sigma_b = 2E \frac{h}{d_d} \tag{6-8}$$

式中　E——带材料的弯曲弹性模量，MPa；
　　　h——带的中性层到最外层的距离，mm；
　　　d_d——带轮的基准直径，mm。

由式(6-8)可以看出带越厚、带轮基准直径越小，带的弯曲应力就越大。所以，在进行皮带设计时，一般要求小带轮的基准直径大于或等于该型号所规定的带轮最小基准直径。

综上所述，带工作时其横截面上的应力是不同的，如图 6-6 所示。带的紧边绕入小带轮处截面上的应力为最大，计算公式为

$$\sigma_{\max} = \sigma_1 + \sigma_c + \sigma_{b1} \tag{6-9}$$

（二）带传动的运动分析

如图 6-7 所示，带具有弹性，在传动过程中带受拉力而产生拉伸弹性变形。由于紧边拉力大于松边拉力，带在紧边的伸长量大于松边伸长量。当带绕过主动带轮时，带中的拉力由 F_1 逐渐减小到 F_2，带的伸长率减小，带在原有弹性伸长量的基础上发生弹性收缩。这表明带在主动带轮上有与转向相反（向后）的滑动，带离开主动带轮时的速度低于轮缘速度。同理，带在绕上从动带轮时其弹性伸长量逐渐

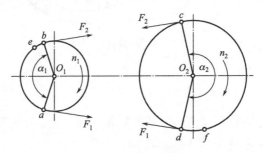

图 6-7　带的弹性滑动

增加，带沿从动带轮表面滑动的方向与转向相同（向前），带离开从动带轮时的速度高于轮缘速度。这种由于带的弹性变形引起的滑动称为弹性滑动。

弹性滑动是由带的紧边和松边的拉力差引起的，是传动不可避免的固有物理现象。它是在包角范围内带脱离带轮前的一部分圆弧上发生的微量滑动，在主动带轮上弹性滑动发生在 eb 段，从动带轮上发生在 df 段。点 e、f 随载荷增大分别向 a、c 移动，弹性滑动段增大，过载时点 e 到达点 a 位置，带在主动带轮上从部分接触段的弹性滑动扩展到整个包弧上的全面滑动。这种由过载或张紧松弛等引起的带沿小带轮发生的全面滑动称为打滑。打滑时主动带轮照常运转，从动带轮转速急剧下降，甚至完全停止，导致传动失效，如不及时停机，带在短期内可能会严重磨损。正常工作时带传动应当避免打滑，但是，突然过载时打滑能起保护作用，避免其他零件损坏。

（三）带传动的主要失效形式

根据带的受力分析和应力分析可知，带传动的主要失效形式有如下几种。

① 带工作时，若所需的有效拉力 F_e 超过了带与带轮接触面间摩擦力的极限值，带将在主动带轮上打滑，使带不能传递动力而发生失效。

② 带工作时，其横截面上的应力是交变应力，当这种交变应力的循环次数超过一定数值后，带会发生疲劳破坏，导致带传动失效。

③ 带工作时，由于存在弹性滑动和打滑的现象，带产生磨损，一旦磨损过度，将导致带传动失效。

五、带传动的设计计算

由于带传动的主要失效形式是带在主动带轮上打滑、带的疲劳破坏和过度磨损，因此带传动的设计准则是：在保证带传动不打滑的条件下，使带具有一定的疲劳强度和使用寿命。

设计 V 带传动时，已知条件：原动机种类、带传动的用途和工况条件、所需传递的功率 P、小带轮转速 n_1、大带轮转速 n_2 或传动比 i、对传动外廓尺寸的要求等。

设计需确定的主要内容：V 带型号、长度和根数；V 带传动的中心距；V 带作用于轴上的压力；V 带轮材料、结构尺寸、工作图等。

具体设计步骤如下：

1. 确定设计功率 P_c

$$P_c = K_A P \tag{6-10}$$

式中　P_c——设计功率，kW；

　　　K_A——工况系数，见表 6-5；

　　　P——带传动的额定功率，kW。

⊡ 表 6-5　工作情况系数 K_A 表

载荷性质	工作机	原动机					
		空、轻载启动			重载启动		
		每天工作时间/h					
		<10	10～16	>16	<10	10～16	>16
载荷变动微小	液体搅拌机、通风机和鼓风机（$P \leqslant 7.5\text{kW}$）、离心式水泵和压缩机、轻负荷输送机等	1.0	1.1	1.2	1.1	1.2	1.3
载荷变动小	带式输送机（不均匀负荷）、通风机（$P > 7.5\text{kW}$）、旋转式水泵和压缩机（非离心式）、发电机、金属切削机床、印刷机、旋转筛、锯木机和木工机械等	1.1	1.2	1.3	1.2	1.3	1.4
载荷变动较大	制砖机、斗式提升机、往复式水泵和压缩机、起重机、磨粉机、冲剪机床、橡胶机械、振动筛、纺织机械、重载输送机等	1.2	1.3	1.4	1.4	1.5	1.6
载荷变动很大	破碎机（旋转式、颚式等）、磨碎机（球磨、棒磨、管磨）等	1.3	1.4	1.5	1.5	1.6	1.8

注：1. 空、轻载启动——电动机（交流、直流并励）、四缸以上的内燃机，装有离心式离合器、液力联轴器的动力机等。

2. 重载启动——电动机（联机交流启动、直流复励或串励）、四缸以下的内燃机。

3. 反复启动、正反转频繁、工作条件恶劣等场合，应将表中 K_A 值乘以 1.2；增速时 K_A 值查《机械设计手册》。

2. 选择 V 带型号

根据设计功率 P_c 和小带轮转速 n_1，由表 6-6 选定带型。

⊡ 表 6-6　普通 V 带选型表

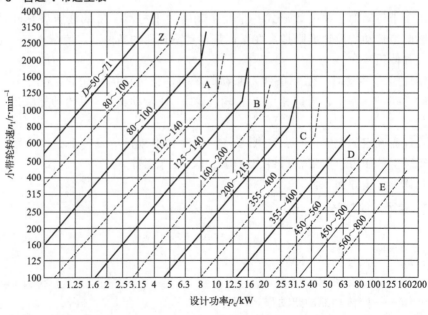

3. 确定带轮的基准直径 d_{d1} 和 d_{d2}，并验算带速

（1）初选小带轮的基准直径 d_1

小带轮的基准直径越小，V带的弯曲应力越大，带的使用寿命越低。为减小弯曲应力，应尽可能选用较大的带轮直径，但随着直径的增大带传动整体的尺寸增大，结构不紧凑。所以 $d_{d1} \geqslant d_{min}$。表6-7所示是V带轮最小基准直径及基准直径系列推荐值。

表6-7 带轮最小基准直径及基准直径系列   mm

型号	最小基准直径 d_{min}	基准直径 d_d 系列
Y	20	20,22.4,25,28,31.5,35.5,40,45,50,56,80,90,100,112,125
Z	50	50,56,63,71,75,80,90,100,112,125,132,140,150,160,180,200,224,250,280,315,355,400,500,630
A	75	75,80,85,90,95,100,106,112,118,125,132,140,150,160,180,200,224,250,280,315,355,400,450,500,630,710,800
B	125	125,132,140,150,160,170,180,200,224,250,280,315,355,400,450,500,560,600,630,710,750,800,900,1000,1120
C	200	200,212,224,236,250,265,280,300,315,335,355,400,450,500,560,600,630,710,750,800,900,1000,1120,1250,1400,1600,2000
D	355	355,375,400,425,450,475,500,560,600,630,710,750,800,900,1000,1060,1120,1250,1400,1500,1600,1800,2000
E	500	500,530,560,600,630,670,710,800,900,1000,1120,1250,1400,1500,1600,1800,2000,2240,2500

（2）验算带的速度 v（m/s）

$$v = \frac{d_{d1} n_1 \pi}{60 \times 1000} = \frac{d_{d2} n_2 \pi}{60 \times 1000} \tag{6-11}$$

普通V带，一般速度控制在5~25m/s。若速度过大，则离心力过大，降低带的使用寿命。若速度过小，则有效拉力过大，即所需带的根数增多。

（3）计算并确定大带轮的基准直径 d_{d2}

$$d_{d2} = d_{d1} \times i = \frac{d_{d1} n_1}{n_2} \tag{6-12}$$

根据式（6-12）计算出的大带轮直径 d_{d2} 值，最后应取整且为表6-6中的基准直径值。

4. 确定中心距 a 和带的基准长度 L_d，并验算小带轮包角 α_1

① 若中心距未给定，可根据结构需要初定中心距 a_0。中心距过大，则传动结构尺寸过大，且带容易颤动；中心距过小，小带轮包角 α_1 减小，降低传动能力，且带的绕转次数增多，降低带的使用寿命。因此，中心距通常按照下面公式进行初

步选择，即

$$0.7(d_{d1}+d_{d2}) \leqslant a_0 \leqslant 2(d_{d1}+d_{d2}) \quad (6-13)$$

② 计算带长 L_0。a_0 取定后，根据带传动的几何关系，计算带长 L_0：

$$L_0 = 2a_0 + \frac{\pi(d_{d1}+d_{d2})}{2} + \frac{(d_{d2}-d_{d1})^2}{4a_0} \quad (6-14)$$

③ 确定带的基准长度 L_d。根据 L_0 和 V 带型号，在表 6-2 中选择相近的带的基准长度 L_d。

④ 确定实际中心距 a，根据选取的基准长度 L_d，按照下式近似计算：

$$a \approx a_0 + \frac{L_d - L_0}{2} \quad (6-15)$$

为了便于安装与张紧，中心距 a 应留有调整的余量，中心距的变动范围为

$$a_{\min} = a - 0.015L_d$$
$$a_{\max} = a + 0.03L_d$$

⑤ 验算小带轮的包角是否符合要求：

$$\alpha_1 = 180° - \frac{(d_{d2}-d_{d1})}{a} \times 57.3° \quad (6-16)$$

一般要求小带轮包角大于 120°，可以通过加大中心距或减小传动比及加装张紧轮等方式来增大小带轮包角值。包角的修正系数见表 6-8。

▫ 表 6-8 包角修正系数 K_α

$\alpha_1/(°)$	180	170	160	150	140	130	120	110	100	90
K_α	1	0.98	0.95	0.92	0.89	0.86	0.82	0.78	0.74	0.69

▫ 表 6-9 常见传动带基本额定功率及其增量表

型号	传动比 i	小带轮转速 $n_1/(\text{r/min})$												
		400	700	800	950	1200	1450	1600	2000	2400	2800	3200	3600	4000	5000
Y	1.35~1.51	0	0	0	0.01	0.01	0.01	0.01	0.01	0.01	0.02	0.02	0.02	0.02	0.02
	1.52~1.99	0	0	0	0.01	0.01	0.01	0.01	0.01	0.02	0.02	0.02	0.02	0.03	0.03
	≥2	0	0	0	0.01	0.01	0.01	0.02	0.02	0.02	0.02	0.03	0.03	0.03	0.03
Z	1.35~1.51	0	0.01	0.01	0.02	0.02	0.02	0.03	0.03	0.04	0.04	0.04	0.05	0.05	0.05
	1.52~1.99	0.01	0.01	0.02	0.02	0.02	0.03	0.03	0.04	0.04	0.04	0.05	0.05	0.05	0.06
	≥2	0.01	0.02	0.02	0.03	0.03	0.03	0.04	0.04	0.05	0.05	0.05	0.06	0.06	0.06
A	1.35~1.51	0.04	0.07	0.08	0.08	0.11	0.13	0.15	0.19	0.23	0.26	0.30	0.34	0.38	0.47
	1.52~1.99	0.04	0.08	0.09	0.10	0.13	0.15	0.17	0.22	0.26	0.30	0.34	0.39	0.43	0.54
	≥2	0.05	0.09	0.10	0.11	0.15	0.17	0.19	0.24	0.29	0.34	0.39	0.44	0.48	0.60
B	1.35~1.51	0.10	0.17	0.20	0.23	0.30	0.36	0.39	0.49	0.59	0.69	0.79	0.89	0.99	1.24
	1.52~1.99	0.11	0.20	0.23	0.26	0.34	0.40	0.45	0.56	0.68	0.79	0.90	1.01	1.13	1.42
	≥2	0.13	0.22	0.25	0.30	0.38	0.46	0.51	0.63	0.76	0.89	1.01	1.14	1.27	1.60

续表

型号	传动比 i	小带轮转速 n_1/(r/min)											
		200	300	400	500	600	700	800	950	1200	1450	1600	1800	2000	2200
C	1.35~1.51	0.14	0.21	0.27	0.34	0.41	0.48	0.55	0.65	0.82	0.99	1.10	1.23	1.37	1.51
	1.52~1.99	0.16	0.24	0.31	0.39	0.47	0.55	0.63	0.74	0.94	1.14	1.25	1.41	1.57	1.72
	≥2	0.18	0.26	0.35	0.44	0.53	0.62	0.71	0.83	1.06	1.27	1.41	1.59	1.76	1.94
D	1.35~1.51	0.49	0.73	0.97	1.22	1.46	1.70	1.95	2.31	2.92	3.52	3.89	4.98		
	1.52~1.99	0.56	0.83	1.11	1.39	1.67	1.95	2.22	2.64	3.34	4.03	4.45	5.01		
	≥2	0.63	0.94	1.25	1.56	1.88	2.19	2.50	2.97	3.75	4.53	5.00	5.62		
E	1.35~1.51	0.96	1.45	1.93	2.41	2.89	3.38	3.86	4.58						
	1.52~1.99	1.10	1.65	2.20	2.75	3.31	3.86	4.41	5.23						
	≥2	1.24	1.86	2.48	3.10	3.72	4.34	4.96	5.89						

5. 确定 V 带根数 z

$$z=\frac{P_c}{[P_0]}=\frac{P_c}{(P_0+\Delta P_0)K_\alpha K_L} \tag{6-17}$$

式中 P_0——基本额定功率；

ΔP_0——单根 V 带的基本额定功率增量。常见传动带的基本额定功率及基本额定功率增量如表 6-9 所示；

K_α——小带轮包角修正系数，查表 6-8 取值；

K_L——带长修正系数，查表 6-2 取值。

6. 确定带的初拉力 F_0

在 V 带传动过程中，如果初拉力过小，则产生的摩擦力小，容易出现打滑的现象；反之，初拉力过大，则降低带的使用寿命，同时增大对轴的压力。单根 V 带的预紧力可以根据下式进行计算：

$$F_0=\frac{500P_c}{vz}\left(\frac{2.5}{K_\alpha}-1\right)+qv^2 \tag{6-18}$$

7. 计算 V 带对轴的压力 F_Q

V 带对轴的压力是设计带轮所在的轴与轴承的重要依据。为了简化计算，近似按两边的初拉力 F_0 的合力来计算。受力分析如图 6-8 所示。

$$F_Q=2zF_0\sin\frac{\alpha_1}{2} \tag{6-19}$$

六、带传动的张紧、注意事项

工作一段时间后，带会变松弛，传动中的初拉力减小，传动能力降低。为了保证带传动的工作能力，需要对带进行张紧。常见的张紧方法和装置有以下几种。

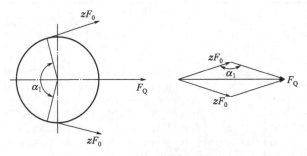

图 6-8 V带对轴的压力 Q

1. 调节中心距张紧

(1) 定期张紧

如图 6-9(a) 所示，调节螺杆可以使电动机在滑道上移动，增大中心距，用这种方法来完成张紧。此方法常用于水平布置或接近水平布置的带传动。图 6-9(b) 适用于两轴中心连线垂直或近于垂直方向的传动。

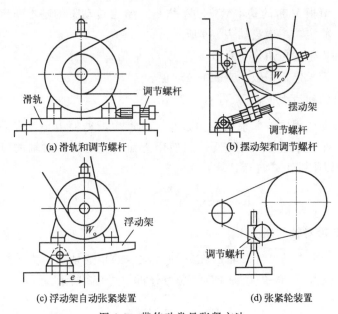

图 6-9 带传动常见张紧方法

(2) 自动张紧

如图 6-9(c) 所示，自动张紧的电动机固定在浮动架上，靠电动机与浮动架的自重实现张紧。自动张紧装置常用于中、小功率的传动。

2. 采用张紧轮张紧

当中心距不可调时，通常采用张紧轮实现张紧。图 6-9(d) 所示为定期调整装置，通过定期调整张紧轮达到使带张紧的目的。在这种张紧装置中，张紧轮压在带的松边内侧，避免了带的反向弯曲；而且张紧轮应尽量靠近大带轮，防止因张紧而导致小带轮包角减小过多。

任务实施

根据 V 带设计一般步骤，即可进行设计。具体设计过程如下：

（1）确定设计功率

根据表 6-5 查得 $K_A=1.2$，根据式(6-10) 得
$$P_c = K_A P = 1.2 \times 7 = 8.4 \text{kW}$$

（2）选择带的型号

根据 $P_c=8.4\text{kW}$，$n_1=970\text{r/min}$，由表 6-6 可选取 V 带为普通 B 型的 V 带。

（3）确定带轮的基准直径，并验算带速是否合理

由表 6-6 可知，小带轮的基准直径推荐值为 112~140mm，根据表 6-7，取 $d_{d1}=125\text{mm}$，所以

$$d_{d2} = d_{d1} \times i = \frac{d_{d1} n_1}{n_2} = 125 \times \frac{970}{420} = 288.7\text{mm}$$

根据表 6-7，取 $d_{d2}=280\text{mm}$，实际的传动比 $i = \frac{d_{d2}}{d_{d1}} = \frac{280}{125} = 2.24$

根据式(6-11)，计算带速：

$$v = \frac{d_{d1} n_1 \pi}{60 \times 1000} = \frac{125 \times 970 \times 3.14}{60 \times 1000} = 6.3\text{m/s}$$

速度在 5~25m/s 范围内，带速合格。

（4）确定带长 L_d 和中心距 a

由式(6-13) 代入相关数据得
$$283.5\text{mm} \leqslant a_0 \leqslant 810\text{mm}$$

初选中心距 $a_0=550\text{mm}$

根据式(6-14) 得

$$L_0 = 2a_0 + \frac{\pi(d_{d1}+d_{d2})}{2} + \frac{(d_{d2}-d_{d1})^2}{4a_0} = 2 \times 550 + \frac{3.14 \times (125+280)}{2} + \frac{(280-125)^2}{4 \times 550}$$
$$= 1725\text{mm}$$

根据表 6-2，取 $L_d=1800\text{mm}$

由式(6-15) 得，实际中心距 a 为

$$a \approx a_0 + \frac{L_d - L_0}{2} = 550 + \frac{1800 - 1725}{2} \approx 588\text{mm}（满足设计要求）$$

验算小带轮上的包角,根据式(6-16)计算得

$$\alpha_1 = 180° - \frac{(d_{d2}-d_{d1})}{a} \times 57.3° = 180° - \frac{280-125}{588} \times 57.3° = 165°$$

小带轮上的包角大于 120°,符合设计要求。

(5) 确定皮带根数 z

查表 6-9,根据线性插值法,计算可得

$$P_0 = 1.64 + \frac{1.93-1.64}{1200-950} \times (970-950) = 1.66\text{kW}$$

$$\Delta P_0 = 0.3 + \frac{0.38-0.3}{1200-950} \times (970-950) = 0.3064\text{kW}$$

查表 6-8,根据线性插值法,计算可得

$$K_\alpha = 0.95 + \frac{0.98-0.95}{170-160} \times (165-160) = 0.975$$

查表 6-2 可得 K_L。

根据式(6-17),计算 V 带的根数 z:

$$z = \frac{P_c}{[P_0]} = \frac{P_c}{(P_0+\Delta P_0)K_\alpha K_L} = \frac{8.4}{(1.66+0.297)\times 0.975\times 0.95} = 4.6$$

取整数,所以带的根数为 5 根。

(6) 计算单根带的预紧力

查表 6-1 得 $m = 0.17\text{kg/m}$,由式(6-18)得单根 V 带的预紧力为

$$F_0 = \frac{500P_c}{vz}\left(\frac{2.5}{K_\alpha}-1\right)+qv^2 = \frac{500\times 8.4}{6.3\times 5}\times\left(\frac{2.5}{0.965}-1\right)+0.17\times 6.3^2 = 218.8\text{N}$$

(7) 计算 V 带对轴的压力 F_Q

根据式(6-19)计算得

$$F_Q = 2zF_0\sin\frac{\alpha_1}{2} = 2\times 5\times 218.8\times\sin\frac{165°}{2} = 2169.18\text{N}$$

思考与练习题

1. 带传动有哪些特点?
2. 带传动设计过程中需要注意哪些问题?
3. 带传动主要的失效形式有哪些?
4. 带的弹性滑动现象是怎样产生的,是否能够避免?
5. V 带的设计步骤是什么? 在设计过程中,需要注意哪些问题?
6. 已知普通 V 带传动 n_1 = 1460r/min, n_2 = 450r/min, d_{d1} = 180mm,两轮中心距 a = 1600mm,V 带为 A 型,带的根数为 5 根,工作时有振动,一天工作 16h。试求 V 带传递的功率。

项目七
链传动设计

 学习目标

1. 了解链传动的组成及特点。
2. 熟悉链与链轮的结构。
3. 能合理完成链传动的设计计算
4. 掌握链传动的布置与张紧方法。

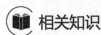 **任务引入**

设计物料升降机构中的滚子链传动。传动系统由电动机驱动,运转平稳。小链轮输入功率 $P=6.5\mathrm{kW}$,转速 $n_1=100\mathrm{r/min}$,传动比 $i=2$。

相关知识

一、链传动概述

(一) 链传动组成与特点

链传动是一种具有中间挠性件的啮合传动,在工程上,链传动的应用较为广泛。链传动是由安装在两平行轴上的主动链轮、从动链轮和绕在链轮上的环形链条组成,链条作为中间挠性件,靠链条与链轮轮齿的啮合来传递运动和动力,如图7-1所示。

链传动无弹性滑动和打滑现象,能保证准确的平均传动比;传动效率高,可达98%;链条不需要像带那样很紧地张紧在带轮上,作用在轴上的压力较小;能在恶劣的环境下(如高温、灰尘多、有油污等)工作;但链传动的瞬时链速和瞬时传动

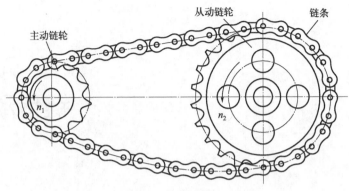

图 7-1 链传动

比不是常数,因此传动平稳性较差,工作中有一定的冲击和噪声。链传动主要用于工作可靠、两轴相距较远、工作条件恶劣的场合,例如矿山机械、农业机械、石油机械、机床,以及摩托车、自行车中。

通常,链传动的传动比 $i \leqslant 8$、中心距 $a \leqslant 5 \sim 6 \mathrm{m}$、传递功率 $P \leqslant 100 \mathrm{kW}$、圆周速度 $v \leqslant 15 \mathrm{m/s}$、传动效率 $\eta = 95\% \sim 98\%$。

(二)链传动的分类

链传动的链条根据用途不同,可分为传动链、起重链、输送链三种。

① 传动链主要用在一般机械中传递运动和动力,工作速度 $v \leqslant 15 \mathrm{m/s}$,是一种用途最广的链条;

② 起重链主要用在起重机械中提升重物,工作速度 $v \leqslant 0.25 \mathrm{m/s}$;

③ 输送链主要用在各种运输机械和机械化装卸设备中,用来输送物品,工作速度 $v \leqslant 4 \mathrm{m/s}$。

由于传动链应用较为广泛,因此本章主要讲解传动链。如图 7-2 所示,传动链根据结构的不同,又可以分为滚子链、套筒链、齿形链、成形链等,目前前三种已经标准化。

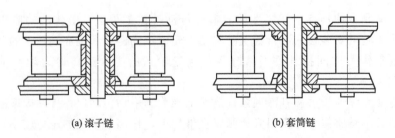

(a) 滚子链　　　　　　　　　　(b) 套筒链

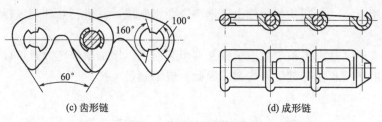

图 7-2 传动链的结构类型

滚子链又可以分为单排链和双排链,以及多排链。通常当传递功率较大时,采用双排或多排链传动。常见的滚子链结构如图 7-3、图 7-4 所示。

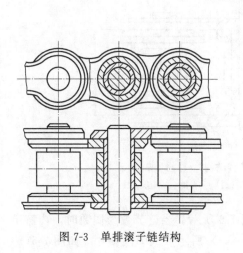

图 7-3 单排滚子链结构

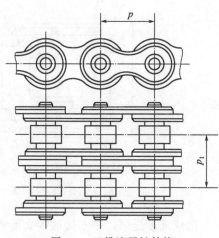

图 7-4 双排滚子链结构

二、滚子链和链轮

(一)滚子链及其主要参数

1. 滚子链的结构

如图 7-5 所示,单排滚子链是由内链板 1、外链板 2、销轴 3、套筒 4 和滚子 5 组成。其中,内链板与套筒之间、外链板与销轴之间均为过盈配合;滚子与套筒之间、套筒与销轴之间均为间隙配合。内链板和外链板在销轴和套筒的作用下可以相对转动。工作过程中,滚子沿链轮齿廓滚动,可以减轻滚子和齿廓的磨损。另外,在内、外链板间应留有少许间隙,以便润滑油可以渗入套筒与销轴的摩擦面间。一般内、外链板制成"8"字形,既可以减少重量和冲击,又能保证链板各横截面的抗拉强度相近。一般链条各元件由碳钢或合金钢制成,并进行热处理以提高其强度和耐磨性。

多排滚子链是由多条单排滚子链并列组装而成。增加滚子链数量可以提高承载能力,但由于很难使各链受力均匀,因此一般不超过4排。

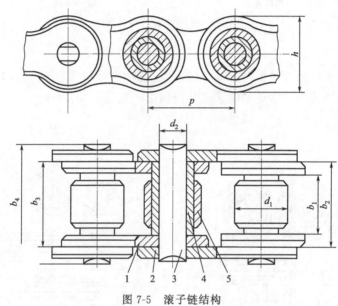

图 7-5 滚子链结构

1—内链板;2—外链板;3—销轴;4—套筒;5—滚子

组成环形链时,滚子链的接头形式如图 7-6 所示。当链节数为偶数时,内链节与外链节首尾相接,可以用开口销 [如图 7-6(a) 所示] 或弹性锁片 [如图 7-6(b) 所示] 将销轴锁紧。当链节数为奇数时,需要用一个过渡链节连接,如图 7-6(c) 所示,工作时,链条受拉的同时过渡链节还要承受附加的弯曲载荷,所以其强度仅为正常链节的 80% 左右,因此,在进行链传动的设计时,链节数最好取为偶数。为使磨损均匀,提高寿命,链轮齿数最好与链节数互质,若不能保证互质,也应使其公因数尽可能小。

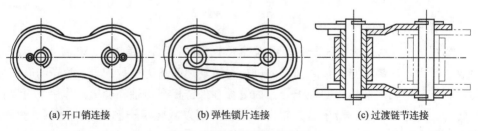

(a) 开口销连接　　　(b) 弹性锁片连接　　　(c) 过渡链节连接

图 7-6 常见链节的连接形式

2. 滚子链主要参数

滚子链有三个主要参数,分别是节距 p、滚子直径的 d_1 和内链板内宽 b_1。节距 p 为相邻两链节销轴中心之间的距离,为链条的特性参数。节距越大,链条各部分尺寸越大,重量越大,承载能力也越高。如果链轮齿数一定,节距越大,则链轮直径就越大。

3. 滚子链的标准

表 7-1 为国家标准 GB/T 1243—2006 规定的几种规格的滚子链的基本参数和极限拉伸载荷。滚子链分为 A、B 两个系列。滚子链的标记方法是:链号、排数、节数、国家标准编号。例如,A 系列、节距为 19.05mm、单排、88 节的滚子链,其标记为 12A-1×88。

表 7-1 滚子链的基本参数与极限拉伸载荷 (摘自 GB/T 1243—2006)

链号	节距 p/mm	排距 p_t/mm	滚子外径 d_1/mm	内链节内宽 b_1/mm	销轴直径 d_2/mm	内链节外宽 b_2/mm	销轴长度 单排 b_4/mm	销轴长度 双排 b_5/mm	内链板高度 h_2/mm	单排极限拉伸载荷 F_{umin}/kN	单排链条单位长度质量 q/(kg/m)
05B	8.00	5.64	5.00	3.00	2.31	4.77	8.6	14.3	7.11	4.4	0.18
06B	9.525	10.24	6.35	5.72	3.28	8.53	13.5	23.8	8.26	8.9	0.4
08A	12.70	14.38	7.92	7.85	3.98	11.17	17.8	32.3	12.07	13.9	0.6
10A	15.875	18.11	10.16	9.40	5.09	13.84	21.8	39.9	15.09	21.8	1.0
12A	19.05	22.78	11.91	12.57	5.96	17.75	26.9	49.8	18.10	31.3	1.5
16A	25.40	29.29	15.88	15.75	7.94	22.60	33.5	62.7	24.13	55.6	2.6
20A	31.75	35.76	19.05	18.90	9.54	27.45	41.1	77.0	30.17	87.0	3.8
24A	38.10	45.44	22.23	25.22	11.11	35.46	50.8	96.3	36.20	125.0	5.6
28A	44.45	48.87	25.40	25.22	12.71	37.18	54.9	103.6	42.23	170.0	7.5
32A	50.80	58.55	28.58	31.55	14.29	45.21	65.5	124.2	48.26	223.0	10.1
40A	63.50	71.55	39.68	37.85	19.85	54.88	80.3	151.9	60.33	347.0	16.1
48A	76.20	87.83	47.63	47.35	23.81	67.81	95.5	183.4	72.39	500.0	22.6

注:使用过渡链节的链条的极限拉伸载荷按表中所列数值的 80% 计算。

(二)滚子链链轮

1. 基本参数

链轮的基本参数可以分为两部分,一是链轮的齿数 z,二是配用链条的基本参数,包括节距 p、滚子外径 d_1 和排距 p_t。滚子链链轮基本参数及尺寸计算可查表 7-2。

□ 表 7-2　滚子链链轮主要参数及尺寸计算

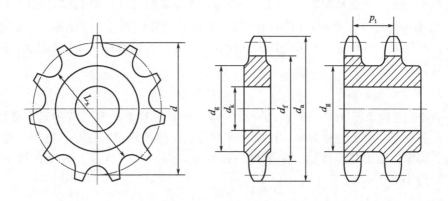

名称		符号	计算公式	说明
主要尺寸	分度圆直径	d	$d=\dfrac{p}{\sin\dfrac{180°}{z}}$	
	齿顶圆直径	d_a	$d_{a\max}=d+1.25p-d_1$ $d_{a\min}=d+\left(1-\dfrac{1.6}{z}\right)p-d_1$ $d_a=p\left(0.54+\cot\dfrac{180°}{z}\right)$ 凹齿形	可在 $d_{a\max}$ 与 $d_{a\min}$ 范围内选取,但当选用 $d_{a\max}$ 时,应注意用展成法加工时有可能发生顶切
	齿根圆直径	d_f	$d_f=d-d_1$	
	分度圆弦齿高	h_a	$h_{a\max}=(0.625+0.8/z)p-0.5d_1$ $h_{a\min}=0.5(p-d_1)$ $h_a=0.27p$ 凹齿形	h_a 是为了简化放大齿形图的绘制而引入的辅助尺寸,$h_{a\max}$ 相应于 $d_{a\max}$,$h_{a\min}$ 相应于 $d_{a\min}$

2. 链轮的齿形

链轮是链传动的主要零件之一,其齿形应保证链节能够平稳而自由地进入和退出啮合,且受力均匀、形状简单、便于加工。

国家标准 GB/T 1243—2006 规定了实际最大齿槽形状和最小齿槽形状范围,组成齿槽的各段曲线应光滑连接,如图 7-7(a) 所示。目前,较为流行的三圆弧-直线齿形又称为凹齿形,如图 7-7(b) 所示。

由于齿形是用标准刀具加工的,故在链轮零件图上不必画出轮齿的端面齿形,只需注明"齿形按 GB/T 1243—2006 规定制造"即可。但必须画出轮齿的轴向齿形,且其轴向齿形和尺寸应符合 GB/T 1243—2006 的规定,见表 7-3。

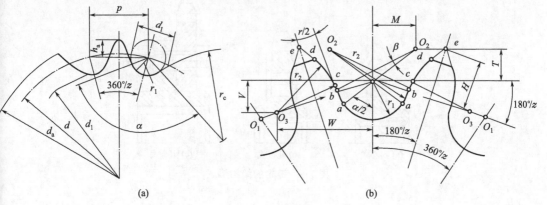

图 7-7 链轮的齿形

表 7-3 滚子链轮剖面齿廓　　　　　　　　　　　　　　　mm

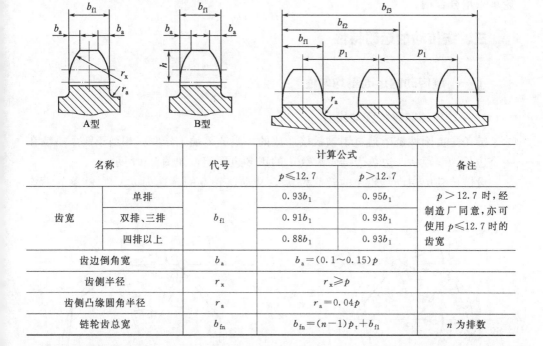

名称		代号	计算公式		备注
			$p \leqslant 12.7$	$p > 12.7$	
齿宽	单排	b_{f1}	$0.93b_1$	$0.95b_1$	$p > 12.7$ 时,经制造厂同意,亦可使用 $p \leqslant 12.7$ 时的齿宽
	双排、三排		$0.91b_1$	$0.93b_1$	
	四排以上		$0.88b_1$	$0.93b_1$	
齿边倒角宽		b_a	$b_a = (0.1 \sim 0.15)p$		
齿侧半径		r_x	$r_x \geqslant p$		
齿侧凸缘圆角半径		r_a	$r_a = 0.04p$		
链轮齿总宽		b_{fn}	$b_{fn} = (n-1)p_t + b_{f1}$		n 为排数

3. 链轮的材料

链轮的结构如图 7-8 所示。小直径链轮可制成实心式〔图 7-8(a)〕,中等直径的链轮可制成孔板式〔图 7-8(b)〕,直径较大的链轮可设计成组合式〔图 7-8(c)〕,若轮齿因磨损而失效,可更换齿圈。链轮轮毂部分的尺寸可参考带轮。

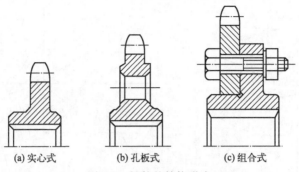

(a) 实心式　　(b) 孔板式　　(c) 组合式

图 7-8　链轮的结构形式

链轮齿应有足够的接触强度和耐磨性，故齿面多经热处理。小链轮的啮合次数比大链轮多，所受冲击力也大，故所用材料一般优于大链轮。常用的链轮材料有碳素钢（如 Q235、Q275、45、ZG310-570 等）、灰铸铁（如 HT200）等，重要的链轮可采用合金钢。

三、链传动的运动特性

（一）链传动的运动不均匀性

1. 平均链速和平均传动比

链条是由刚性链节通过销轴铰接而成的，当链传动工作时，相当于链条是绕在一个边长为节距 p，边数为链轮齿数 z 的正多边形上，如图 7-9 所示。

设链传动中主动链轮 1 的转速为 n_1，从动链轮 2 的转速为 n_2，则链条的平均

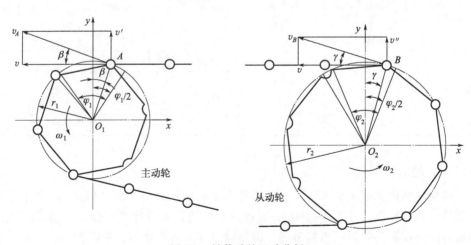

图 7-9　链传动的运动分析

速度为

$$v=\frac{z_1 p n_1}{60\times 1000}=\frac{z_2 p n_2}{60\times 1000} \quad (7\text{-}1)$$

式中　p——链节距，mm；

z_1、z_2——主动链轮、从动链轮的齿数；

n_1、n_2——主动链轮、从动链轮的转速，r/min。

由上式可得链传动的平均传动比为

$$i=\frac{n_1}{n_2}=\frac{z_2}{z_1} \quad (7\text{-}2)$$

2. 瞬时链速和瞬时传动比

实际上，由于链轮相当于多边形，即使主动链轮以等角速度转动，瞬时链速和瞬时传动比也都是有周期性变化的。

如图 7-9 所示的链传动，链节随链轮转动时，销轴中心沿链轮分度圆运动，销轴中心 A 在主动链轮上的圆周速度 $v_A=r_1\omega_1$，r_1 是主动链轮的分度圆半径。假设工作中，链的紧边已知处于水平位置，则 v_A 的水平分量 v 便为链速，v_A 的垂直分量 v' 使链条在传动过程中周期性地上下抖动。其计算式为

$$v=v_A\cos\beta=r_1\omega_1\cos\beta$$
$$v'=v_A\sin\beta=r_1\omega_1\sin\beta \quad (7\text{-}3)$$

β 是速度 v 与水平线的夹角，从销轴 A 啮入链轮到下一销轴啮入链轮的过程中，A 始终处于最高位置，其间

$$-\frac{\varphi_1}{2}\leqslant\beta\leqslant\frac{\varphi_1}{2}\left(\varphi_1=\frac{360°}{z}\right)$$

当 $\beta=0°$ 时，

$$v=v_{\max}=r_1\omega_1$$

当 $\beta=\pm\dfrac{\varphi_1}{2}$ 时，

$$v=v_{\min}=r_1\omega_1\cos\frac{\varphi_1}{2}$$

可见，链速是由小到大，又由大到小变化，每转过一个链节，就重复一次上述变化，从而导致了链速的不均匀性。而且，链轮齿数越少，β 角变化范围就越大，链速的不均匀性就越严重。这种传动过程中链的时快时慢、忽上忽下的运动特点称为"多边形效应"。

同理，分析从动链轮 2 可知，链的水平速度与从动链轮角速度之间的关系为

$$v=r_2\omega_2\cos\gamma$$

其中，$\dfrac{180°}{z}\geqslant\gamma\geqslant-\dfrac{180°}{z}$，则链传动的瞬时传动比为

$$i' = \frac{\omega_1}{\omega_2} = \frac{r_2 \cos\gamma}{r_1 \cos\beta} \tag{7-4}$$

可见，链传动的瞬时传动比是随位置角 β、γ 的变化而变化的，是不恒定的，链条和从动链轮均做变速运动。

（二）链传动的动载荷

由前面分析可知，链速和从动链轮角速度做周期性变化，从而使链传动产生动载荷，并且链轮转速越高、链节距越大、链轮齿数越少，则工作时产生的动载荷就越大。

此外，链节与链轮轮齿进入啮合时，以一定的相对速度接近，使传动产生冲击载荷。链速在垂直方向上的变化以及链在启动、制动、反向等情况下出现的惯性冲击，也将使传动产生动载荷。为了减小动载荷，提高传动的平稳性，在链传动设计中应选用较小的链节距，适当增加链轮的齿数，并限制链轮的最高转速。

四、滚子链传动的设计

（一）中、高速滚子链传动的设计计算

在进行链条设计时，通常情况下已知数据为：传动的功率 P，小链轮和大链轮的转速 n_1、n_2（或传动比 i），原动机的种类，载荷性质，工作环境以及传动用途等。

链传动的设计内容是：大、小链轮的齿数 z_1、z_2，链条的型号、节距 p、排数，传动中心距 a，作用在轴上的压力及润滑方式等。

1. 链轮齿数 z_1、z_2

链轮齿数对传动的平稳性和工作寿命影响很大。小链轮齿数较少时，可以减小外廓尺寸，但会增大运动不均匀性和动载荷，因此要限制小链轮的最少齿数。小链轮齿数过多时，大链轮齿数随之增加，链传动的整体尺寸和重量增大。

小链轮齿数 z_1 一般按表 7-4 选取。

□ 表 7-4　小链轮齿数 z_1

链速 $v/(\text{m/s})$	0.6～3	3～8	>8
z_1	≥17	≥21	≥25

大链轮的齿数 $z_2 = iz_1$。大链轮齿数过多时，易因磨损造成脱链，所以大链轮的齿数不宜过多，一般应使 $z_1 < 120$。

由于链节数一般为偶数，为使磨损均匀，链轮齿数一般应取奇数，并尽可能与链节数互质。链轮优先选用的齿数是 17、19、21、23、25、38、57、76、95

和 114。

2. 确定设计功率 P_c

设计功率 P_c 应根据所传递的额定功率 P 和实际工作情况等，引入相关修正系数后，按下式确定：

$$P_c = K_A P \tag{7-5}$$

式中　K_A——工作情况系数，见表 7-5。

▫ 表 7-5　工作情况系数表 K_A

从动机械工作特性		主动机械工作特性		
		电动机、汽轮机、燃气轮机、装有液力偶合器的内燃机	六缸或六缸以上的内燃机	六缸以下的内燃机
平稳运转	离心式泵和压缩机、印刷机、均匀给料的带式输送机、压光机、自动电梯、液体搅拌机、风机	1.0	1.1	1.3
中等冲击	多缸泵和压缩机、水泥搅拌机、球磨机、载荷非恒定的输送机、固态搅拌机	1.4	1.5	1.7
严重冲击	电铲、轧机、橡胶加工机、单缸泵和压缩机、石油钻机、球磨机、压力机、剪床	1.8	1.9	2.1

3. 链节距 p 和排数 n

链节距既表征着链传动尺寸及链条的工作能力，又对链传动的多边形效应有直接的影响。链节距越大，承载能力越高，但运动不平稳性、动载荷和噪声越严重。因此设计时，在满足承载能力的前提下，应尽量选取小节距的单排链；重载时，可选择小节距的多排链。

采用的节距可根据额定功率 P_0、小链轮的转速 n_1 选定，参照图 7-10。因为设计的链传动的工作条件与制定许用功率曲线时的实验条件不完全一致，因此，使用下式确定额定功率 P_0：

$$P_0 = \frac{P_c}{K_z K_p K_L} \tag{7-6}$$

式中　K_z——小链轮齿数系数，可查表 7-6；
　　　K_L——链长系数，可查表 7-6；
　　　K_p——排数系数，可查表 7-7。

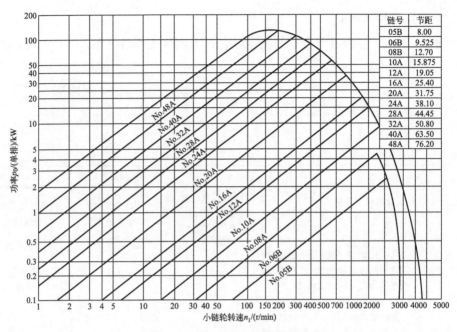

图 7-10 滚子链额定功率曲线

表 7-6 小链轮齿数系数 K_z 和链长系数 K_L

链传动工作在图中的位置	位于功率曲线顶点左侧时（链板疲劳）	位于功率曲线顶点右侧时（滚子、套筒冲击疲劳）
小链轮齿数系数 K_z	$\left(\dfrac{z_1}{19}\right)^{1.08}$	$\left(\dfrac{z_1}{19}\right)^{1.5}$
链长系数 K_L	$\left(\dfrac{L_p}{100}\right)^{0.26}$	$\left(\dfrac{L_p}{100}\right)^{0.5}$

表 7-7 排数系数 K_p

排数	1	2	3	4	5	6
K_p	1.0	1.7	2.5	3.3	4.0	4.6

4. 确定中心距 a 和链条节数 L_p

在链传动中，中心距小可使链传动结构紧凑。但若中心距过小，则链条在小链轮上的包角也小，同时啮合的链轮齿数也减小。若中心距过大，则结构不紧凑，且链条容易发生抖动，增加运动的不均匀性。

一般初选中心距 $a_0=(30\sim50)p$，最大可选 $a_{0\max}=80p$。

根据初选的中心距 a_0，可用下式计算出链条节数 L_p：

$$L_{p0}=\frac{2a_0}{p}+\frac{z_1+z_2}{2}+\left(\frac{z_2-z_1}{2\pi}\right)^2\times\frac{p}{a_0} \tag{7-7}$$

计算出 L_p，应该取整，并且最好取偶数，然后根据链节数计算理论中心距：

$$a=\frac{p}{4}\left[\left(L_p-\frac{z_1+z_2}{2}\right)+\sqrt{\left(L_p-\frac{z_1+z_2}{2}\right)^2-8\left(\frac{z_2-z_1}{2\pi}\right)^2}\right] \tag{7-8}$$

在中心距可调的链传动中，为了确保链条松边具有合适的安装垂度，实际的中心距 a' 要比理论中心距 a 小 Δa。$\Delta a=(0.002\sim0.004)a$，则

$$a'=a-\Delta a \tag{7-9}$$

5. 计算压轴力 F_Q

链传动的压轴力 F_Q 可近似为：

$$F_Q=(1.2\sim1.3)F$$

式中　F——链条的有效工作拉力，$F=1000\dfrac{P_c}{v}$。

（二）低速滚子链传动的设计计算

对于链速 $v<0.6\text{m/s}$ 的低速链传动，应进行抗拉静强度计算。静强度条件用安全系数表示为

$$S=\frac{nF_{u\min}}{K_A F_t}\geqslant[S] \tag{7-10}$$

式中　$F_{u\min}$——单排链极限拉伸载荷，N；
　　　n——排数；
　　　$[S]$——链条静强度安全系数许用值，取 $4\sim8$。

五、链传动失效形式、布置方式和张紧

（一）链传动的主要失效形式

由于链条强度不如链轮高，所以一般链传动的失效主要是链条的失效，因此下面仅讨论链条的失效形式。滚子链常见的失效形式有五种。

① 疲劳破坏。在链传动中，由于松边和紧边的拉力不同，链条所受的拉力是变应力，当应力达到一定数值，且经过一定的循环次数后，链板、滚子、套筒等组件会发生疲劳破坏。这种疲劳破坏是闭式链传动的主要失效形式。在正常润滑条件下，链条的疲劳破坏是决定链传动承载能力的主要因素。

② 铰链磨损。链条在进入啮合和退出啮合时，销轴与套筒接触表面产生相对滑动，使铰链磨损，链节距加大，从而导致链节向轮齿齿顶方向移动，磨损严重时

常会出现跳齿和脱链现象。铰链磨损是开式链传动的主要失效形式。

③ **冲击破坏。**经常启动、反转、制动的链传动，销轴、套筒、滚子等元件常会发生冲击疲劳破坏。

④ **胶合。**链条向链轮啮入时，销轴与套筒相对转动，随着链轮转速的提高，铰链相对转动速度加快，链节受的冲击能量也增大，使铰链产生胶合。

⑤ **过载拉断。**这种破坏多发生在低速、重载条件下。通常当链速 $v<0.6\mathrm{m/s}$ 时，需要校核链的静强度。

（二）链传动的常见布置形式

链传动的布置形式对使用寿命和工作性能有很大影响，常见的布置形式如表 7-8 所示。

表 7-8 链传动的常见布置形式

传动条件	正确布置	不正确布置	说　明
$i=2\sim3$ $a=(30\sim50)p$			两轮轴线在同一水平面上,紧边在上面较好;但必要时,也允许紧边在下面
$i>2$ $a<30p$			两轮轴线不在同一水平面上,松边应在下面,否则松边下垂量增大,链条易与小链轮卡死
$i<1.5$ $a>60p$			两轮轴线在同一水平面上,松边应在下面,否则下垂量增大,松边可能与紧边相碰,需经常调整中心距
i,a 为任意值			两轮轴线在同一铅垂面内,下垂量增大,会减少下链轮的有效啮合齿数,降低传动的工作能力。为此应采用以下措施:①中心距可调;②设张紧装置;③上下两轮轴线错开,使其不在同一铅垂面内

（三）链传动的张紧

链传动在工作过程中链条会出现磨损，节距变长，使松边垂度增大，引起啮合不良和振动现象，甚至导致链传动的失效。可以通过张紧来增加链与链轮的包角，避免上述情况。链传动的张紧方法很多，最常用的是通过增大两链轮的中心距实现张紧。当中心距不可调时，可利用张紧装置实现张紧。通过定期或自动调整张紧轮的位置实现张紧，一般宜将张紧轮装在链的松边且靠近主动链轮的位置上，张紧轮的直径与小链轮的直径接近为好，如图 7-11 所示。

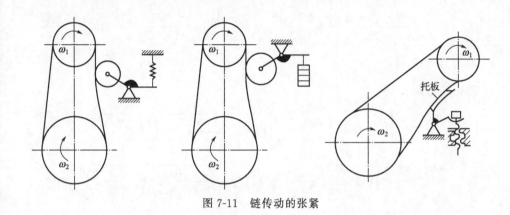

图 7-11　链传动的张紧

任务实施

根据链传动的一般设计顺序，即可设计该任务中的链条。实施过程如下：

(1) 选择大、小链轮齿数 z_1、z_2

根据表 7-4，由于转速不高，选择 $z_1=25$，则 $z_2=iz_1=50$，为了使链条均匀磨损，z_2 取 51。

(2) 确定设计功率 P_c

$$P_c = K_A P$$

查表 7-5，得 $K_A=1$，代入数值得

$$P_c = K_A P = 1 \times 6.5 = 6.5 \text{kW}$$

(3) 确定链节距 p

根据图 7-10，有以下几种节距和排数的组合方案

选用 20A 单排链，单排链 $P_0=9\text{kW}>P_c$，满足传动条件。

选用 16A 双排链，单排链 $P_0=4\text{kW}$，双排链额定功率 $1.75 \times P_0=7\text{kW}>P_c$，满足传动条件。

选用 12A 三排链，单排链 $P_0=2\text{kW}$，双排链额定功率 $2.5 \times P_0=5\text{kW}<P_c$，

不满足传动条件。

为了减少运动不均匀性和动载荷引起的冲击，采用16A双排滚子链，节距$p=25.40\text{mm}$。

(4) 确定链节数和中心距 a

由于给定的原始条件中对中心距没有限制，因此初选中心距 $a_0=40p$，因此链节数 L_p 为

$$L_{p0}=\frac{2a_0}{p}+\frac{z_1+z_2}{2}+\left(\frac{z_2-z_1}{2\pi}\right)^2\times\frac{p}{a_0}$$

$$=\frac{2\times40\times25.4}{25.4}+\frac{25+50}{2}+\left(\frac{50-25}{2\pi}\right)^2\times\frac{25.4}{40\times25.4}=117.8\text{mm}$$

取 $L_p=118\text{mm}$。

理论中心距 a 为

$$a=\frac{p}{4}\left[\left(L_p-\frac{z_1+z_2}{2}\right)+\sqrt{\left(L_p-\frac{z_1+z_2}{2}\right)^2-8\left(\frac{z_2-z_1}{2\pi}\right)^2}\right]$$

$$=\frac{25.4}{4}\left[\left(118-\frac{25+50}{2}\right)+\sqrt{\left(118-\frac{25+50}{2}\right)^2-8\left(\frac{50-25}{2\pi}\right)^2}\right]\text{mm}$$

$$=1017.3\text{mm}$$

(5) 计算压轴力 F_Q

为了使运动平稳取

$$v=\frac{pz_1n_1}{60\times1000}=2.18\text{m/s}$$

计算得

$$F_Q=1.2F=1.2\times1000\frac{P_c}{v}=1.2\times1000\times\frac{6.5}{2.18}=3578.0\text{N}$$

(6) 链轮设计

材料：链轮选用45号钢，并进行调质处理。

链轮尺寸：分度圆的直径为

$$d_1=\frac{p}{\sin\frac{180°}{z_1}}=202.7\text{mm}$$

$$d_2=\frac{p}{\sin\frac{180°}{z_2}}=404.5\text{mm}$$

思考与练习题

1. 链传动和带传动比较有哪些优缺点？
2. 链节数为什么宜取偶数？链轮齿数为什么宜取奇数？
3. 链传动产生运动不均匀性的原因有哪些？
4. 链传动的应用场合有哪些？
5. 已知搅拌机的传动系统为电动机-齿轮减速器-链传动-搅拌机主轴。电动机的功率 $P = 7.5\text{kW}$，齿轮减速器的传递效率为 90%，小链轮的转速 $n_1 = 200\text{r/min}$，传动比 $i = 2$。设计混凝土搅拌机中的滚子链传动机构。

项目八 轴承

学习目标

1. 了解滑动轴承的特点、类型及使用场合。
2. 掌握滚动轴承的结构及应用。
3. 熟悉滚动轴承的代号及类型的选择。
4. 掌握滚动轴承的组合设计方法。
5. 掌握滚动轴承的寿命、轴向载荷及静强度计算方法。

任务引入

某工程机械的传动装置中，根据工作条件采用一对角接触球轴承，初选轴承型号为7307AC。已知径向载荷 $R_1=1650\text{N}$、$R_2=2250\text{N}$，轴向载荷 $F_A=1500\text{N}$，如图 8-1 所示，转速 $n=1500\text{r/min}$，载荷系数 $f_p=1.2$，工作温度小于 100℃。试确定其工作寿命。

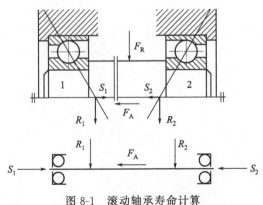

图 8-1　滚动轴承寿命计算

相关知识

在机器中,轴承的作用是支承转动的轴及轴上的零件,并保持轴的正常工作位置和旋转精度。轴承性能的好坏直接影响机器的使用性能,所以轴承是机器的重要组成部分。

根据摩擦性质的不同,轴承分为滚动轴承和滑动轴承两大类。滑动轴承具有工作平稳、无噪声、径向尺寸小、耐冲击和承载能力大等优点。而滚动轴承是标准零件,成批量生产,成本低,安装方便,应用广泛。

一、滚动轴承

(一)概述

滚动轴承一般由内圈、外圈、滚动体和保持架组成,如图 8-2 所示。内、外圈分别与轴颈、轴承座孔装配在一起。当内、外圈相对转动时,滚动体在内、外圈之间的滚道内滚动。保持架使滚动体分布均匀,减少摩擦和磨损。

图 8-2 滚动轴承的结构

滚动轴承的内、外圈和滚动体一般由轴承钢制造,工作表面经过磨削和抛光,其硬度不低于 60HRC。保持架一般用低碳钢板冲压制成,也可用有色金属和塑料制成。

滚动体是滚动轴承的重要零件,其形状、数量和大小直接影响滚动轴承的工作性能和寿命。常见的滚动体如图 8-3 所示,有球和滚子两大类,滚子又有圆柱滚子、圆锥滚子、球面滚子和滚针等。

(二)滚动轴承的类型和选择

1. 滚动轴承的类型

按照轴承的受载方向,滚动轴承可以分为向心轴承、推力轴承两大类。向心轴承主要承受径向载荷,推力轴承主要承受轴向载荷。接触角是滚动轴承的一个主要参数,与轴承的受力状态和承载能力等有关。滚动体与外圈接触处的法线和轴承径

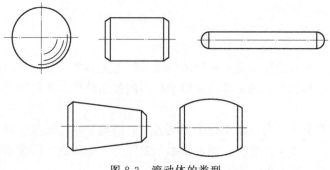

图 8-3 滚动体的类型

向平面（垂直于轴线的平面）之间的夹角称为公称接触角 α，如表 8-1 所示。α 越大，轴承承受轴向载荷的能力越大。按滚动体形状，滚动轴承又可分为球轴承与滚子轴承两大类。轴承的类型代号及特性见表 8-2。

▫ 表 8-1 滚动轴承的公称接触角

项目	轴承类型			
	向心轴承		推力轴承	
接触类型	径向接触	角接触	角接触	轴向接触
公称接触角	$\alpha=0°$	$0°<\alpha\leqslant 45°$	$45°<\alpha\leqslant 90°$	$\alpha=90°$
球轴承图例				

▫ 表 8-2 常用滚动轴承的类型和特性

轴承类型及标准号	简图	类型代号	尺寸系列代号	基本代号	特点及应用
双列角接触球轴承 GB/T 296—2015		(0) (0)	32 33	3200 3300	轴承受较大的以径向负荷为主的径向、轴向双向联合负荷和力矩载荷
调心球轴承 GB/T 281—2013		1 (1) 1 (1)	(0)2 22 (0)3 23	1200 2200 1300 2300	主要承受径向载荷，同时亦可承受较小的轴向负荷；轴（外壳）的轴向位移限制在轴承的轴向游隙的限度内；允许在内圈（轴）对外圈倾斜不大于3°的条件下工作

续表

轴承类型及标准号	简图	类型代号	尺寸系列代号	基本代号	特点及应用
调心滚子轴承 GB/T 288—2013		2 2 2 2 2 2 2 2	13 22 23 30 31 32 40 41	21300 22200 22300 23000 23100 23200 24000 24100	主要承受径向载荷,同时亦可承受较小的轴向负荷;轴(外壳)的轴向位移限制在轴承的轴向游隙的限度内;允许在内圈(轴)对外圈倾斜不大于2.5°的条件下工作
推力调心滚子轴承 GB/T 5859—2008		2 2 2	92 93 94	29200 29300 29400	承受轴向负荷为主的轴向、径向联合负荷,但径向负荷不得超过轴向的55%;可限制轴(外壳)一个方向的轴向位移
圆锥滚子轴承 GB/T 297—2015		3 3 3 3 3 3 3 3 3 3	02 03 13 20 22 23 29 30 31 32	30200 30300 31300 32000 32200 32300 32900 33000 33100 33200	可同时承受以径向负荷为主的径向与轴向负荷,不宜用来承受纯轴向负荷;当成对配置使用时,可承受纯径向负荷,可调整径向、轴向游隙,限制轴(外壳)一个方向的轴向位移
双列深沟球轴承		4 4	(2)2 (2)3	4200 4300	比深沟球轴承承载能力大
推力球轴承 GB/T 301—2015		5 5 5 5	11 12 13 14	51100 51200 51300 51400	能承受一个方向的轴向负荷;可限制轴(外壳)一个方向的轴向位移;极限转速低
双列推力球轴承 GB/T 301—2015		5 5 5	22 23 24	52200 52300 52400	能承受两个方向的轴向负荷;可限制轴(外壳)一个方向的轴向位移;极限转速低
深沟球轴承 GB/T 276—2013		6 6 6 6 16 6 6 6 6	17 37 18 19 (0)0 (1)0 (0)2 (0)3 (0)4	61700 63700 61800 61900 16000 6000 6200 6300 6400	主要用于承受径向负荷,也可承受一定的轴向负荷,当轴承的径向游隙加大时,具有角接触球轴承的性能,可承受较大的轴向负荷;轴(外壳)的轴向位移限制在轴承的轴向游隙的限度内;允许内圈(轴)对外圈(外壳)相对倾斜8′~15′

续表

轴承类型及标准号	简图	类型代号	尺寸系列代号	基本代号	特点及应用
角接触轴承 GB/T 292 —2007		7 7 7 7 7	19 (1)0 (0)2 (0)3 (0)4	71900 7000 7200 7300 7400	可同时承受径向负荷和单向的轴向负荷,也可承受纯轴向负荷;将两相同轴承外圈正反相对安装在轴上时,可限制轴(外壳)在两个方向的轴向位移;接触角 α 越大,承受轴向载荷的能力越大,极限转速越高;一般应成对使用
推力圆柱滚子轴承 GB/T 282 —2021		8 8	11 12	81100 81200	承受单向轴向载荷的能力大,要求轴刚性大,极限转速低
外圈无挡边圆柱滚子轴承 GB/T 282 —2021		N N N N N	10 (0)2 22 (0)3 23 (0)4	N 1000 N 200 N 2200 N 300 N 2300 N 400	只承受径向负荷,不限制轴(外壳)的轴向位移,允许轴倾角 2'~4'
内圈无挡边圆柱滚子轴承 GB/T 282 —2021		NU NU NU NU NU NU	10 (0)2 22 (0)3 23 (0)4	NU 1000 NU 200 NU 2200 NU 300 NU 2300 NU 400	
滚针轴承 GB/T 5801 —2006		NA	48 49 69	NA 4800 NA 4900 NA 6900	只能承受较大的径向负荷,径向尺寸小,极限转速低

2. 滚动轴承的代号

由于滚动轴承种类多,不同种类中又包含不同的结构、尺寸公差等级、技术要求等,为了便于生产与选用,国家标准(GB/T 272—2017)规定,轴承的类型、尺寸、精度和结构特点,由轴承代号表示。轴承代号由基本代号、前置代号和后置代号 3 部分构成。代号一般刻在外圈端面上,排列顺序如表 8-3 所示。

表 8-3 滚动轴承代号表示方法

前置代号	基本代号				后置代号						
	5	4	3	2	1						
		尺寸系列代号									
轴承的分部件代号	类型代号	宽度（或高度）系列代号	直径系列代号	内径代号		内部结构代号	密封、防尘与外部形状代号	保持架及其材料代号	轴承零件材料代号	公差等级代号	游隙代号	配置代号	其他代号

① 前置代号。在基本代号左侧，用字母表示成套轴承的分部件，如 L 表示可分离轴承的可分离内圈或外圈，K 表示滚子和保持架组件。例如 LN308，表示（0）3 尺寸系列的单列圆柱滚子轴承，可分离外圈代号，一般可省略。

② 基本代号。基本代号表示轴承的类型、结构和尺寸，是轴承代号的基础。基本代号由类型代号、尺寸系列代号和内径代号组成，最多为 5 位数。

类型代号由轴承的基本代号右起第 5 位数字或字母表示，表示方法见表 8-2。

尺寸系列代号有宽度（或高度）系列代号和直径系列代号两部分。宽（高）度系列是指内径和外径相同的同类轴承在宽（高）度上的变化系列；直径系列是指内径相同的同类轴承在外径上的变化系列。图 8-4 所示为直径系列不同的四种轴承的对比，它们可以适应各种不同工况的要求。宽度系列代号、直径系列代号都用数字表示。常用的向心轴承和推力轴承常用尺寸系列代号如表 8-4 所示。

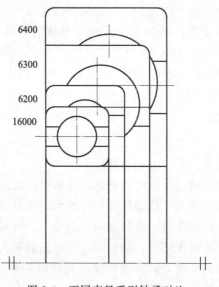

图 8-4 不同直径系列轴承对比

表 8-4 向心轴承和推力轴承常用尺寸系列代号

直径系列代号	尺寸系列代号										
	向心轴承								推力轴承		
	宽度系列代号								高度系列代号		
	8	0	1	2	3	4	5	6	7	9	1	2
	特窄	窄	正常	宽	特宽				特低	低	正常	正常
7 超特轻			17		37							
8 超轻		08	18	28	38	48	58	68				
9 超轻		09	19	29	39	49	59	69				
0 特轻		00	10	20	30	40	50	60	70	90	10	
1 特轻		01	11	21	31	41	51	61	71	91	11	
2 轻	82	02	12	22	32	42	52	62	72	92	12	22
3 中	83	03	13	23	33				73	93	13	23
4 重		04		24					74	94	14	24
5 特重										95		

轴承内径代号为基本代号右起第1、2位数字，表示轴承的内径尺寸。当轴承内径在20～480mm范围内时，内径代号乘以5即为轴承公称内径；当轴承内径为10mm、12mm、15mm和17mm时，内径代号依次表示为00、01、02和03；当内径不在此范围内时，用公称内径数值（单位为mm）直接表示，在其与尺寸系列代号之间用"/"分开。

③ 后置代号。其作为补充代号，轴承在结构形状、尺寸公差、技术要求等有改变时，才在基本代号右侧予以添加，一般用字母（或字母加数字）表示。后置代号共分8组。第一组表示内部结构变化，例如角接触球轴承接触角 $\alpha=40°$ 时，代号为 B；$\alpha=25°$ 时，代号为 AC；$\alpha=15°$ 时，代号为 C。第五组为公差等级，按精度由低到高，代号依次为：/PN、/P6、/P6x、/P5、/P4、/P2/SP、/UP，其中/PN为普通级，可省略不标注。

3. 滚动轴承的选择

滚动轴承的选择从以下几点出发。

（1）轴承工作载荷的大小、方向及性质

当载荷较小而平稳、转速较高时，可选用球轴承；反之，宜选用滚子轴承。

当轴承只承受径向载荷时，应选用深沟球轴承、圆柱滚子轴承或滚针轴承。当轴承同时承受径向及轴向载荷时，若以径向载荷为主，可选用深沟球轴承、接触角小的角接触球轴承或圆锥滚子轴承；轴向载荷比径向载荷大很多时，可选用推力轴承；径向载荷和轴向载荷均较大时可选用向心角接触轴承。如果只承受轴向载荷，应选用推力轴承。

若轴承运转中受冲击载荷，宜优先选用滚子轴承。

（2）转速高低

高速以及要求较高运转精度时宜选用球轴承。高速、轴向载荷不大时采用深沟球轴承；轴向载荷大、转速高时，选用角接触球轴承。

（3）轴承的调心性能

当轴的中心线与轴承孔中心线不重合而存在角度误差，或轴因受载而弯曲变形过大造成轴承的内、外圈轴线发生倾斜时，其倾斜角称为角偏差。角偏差较大时，要求轴承有一定调心性能，应选用调心球轴承或调心滚子轴承。另外，细长轴及多支点支承的轴也应选用调心轴承。

（4）经济性

一般球轴承比滚子轴承便宜；有特殊结构的轴承比普通结构的轴承贵。同型号的轴承，精度越高，价格也越高，一般机械传动宜选用普通级（PN）精度。在工程中，一般选满足使用要求条件下成本最低的轴承。

（5）其他特殊要求

允许空间、装拆位置、润滑、密封、噪声以及其他特殊性能要求。

（三）滚动轴承的受力分析

滚动轴承受中心轴向载荷作用时，可认为各滚动体所受载荷是均等的。受纯径向载荷 F_R 时，径向载荷通过轴颈作用于内圈，上半圈滚动体不受力，由下半圈的滚动体将此载荷传递到外圈上。假如内、外圈的几何形状并不改变，则由于它们与滚动体的接触处共同产生局部接触变形，内圈将下沉一个距离，产生一个接触变形量。变形量的分布在中间最大，然后向两边逐渐减小。各滚动体受力大小方向均不同，从开始受力到受力终止所对应的区域叫作承载区，其载荷分布情况如图 8-5 所示。

（四）滚动轴承的失效形式和设计准则

滚动轴承在运转时可能出现各种类型的失效，下列为常见的几种失效形式。

（1）疲劳点蚀

根据上述滚动轴承受力分析可知，滚动轴承工作时，滚动体与内、外圈接触处承受的接触应力是周期性变化的。经过一段时间的工作后，工作表面上就会发生疲劳点蚀，轴承的旋转精度会降低且温升过高，产生振动和噪声，使机器丧失正常的工作能力。这是滚动轴承最主要的失效形式。

（2）塑性变形

在过大的静载荷或冲击载荷作用下，轴承元件间接触应力超过元件材料的屈服极限，使元件上接触点处产生塑性变形，形成凹坑，使轴承摩擦阻力矩增大、运转精度下降及出现振动和噪声，直至失效。这种失效多发生在转速极低或做往复摆动的轴承中。

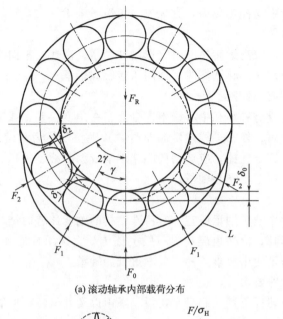

(a) 滚动轴承内部载荷分布

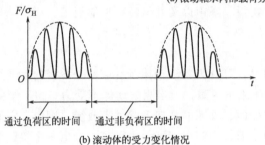

(b) 滚动体的受力变化情况

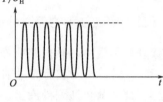

(c) 外圈的受力变化情况

图 8-5　深沟球轴承的载荷分布及应力变化情况

(3) 磨损

由于密封不良或润滑油不纯净，以及在多尘的环境下工作，轴承中进入了金属屑和磨粒性灰尘，使轴承发生严重的磨粒性磨损，从而导致轴承间隙增大及旋转精度降低而报废。

除上述失效形式外，轴承还可能发生胶合、元件锈蚀、断裂等失效形式。

根据滚动轴承的失效形式，其设计准则是：一般转速轴承主要失效形式是疲劳点蚀，应进行疲劳寿命计算；极慢转速轴承或做低速摆动的轴承，失效形式是表面塑性变形，所以进行静强度计算；高速轴承应进行疲劳寿命计算和极限转速的校验。

（五）滚动轴承的寿命计算

1. 基本额定寿命

对于单个轴承，在一定的载荷和转速下，轴承工作到任意一个滚动体或内、外圈出现第一个疲劳扩展迹象之前，所经历的转速或者工作的时间称为轴承的寿命。对于一个具体轴承来说，无法预知其准确的寿命，只有当其失效时，才能知道它的寿命。

基本额定寿命指一批同型号轴承在同样工作条件下运转，其中10%的轴承发生疲劳点蚀前运转的总转数（L_{10}，以10^6r为单位），或一定工作转数下的工作时间（L_{10h}，以h为单位）。

若对同一批轴承（结构、尺寸、材料、热处理以及加工等完全相同），在完全相同的工作条件下进行寿命实验，则滚动轴承的疲劳寿命点是相当离散的。所以只能用基本额定寿命作为选择轴承的标准。

2. 基本额定动载荷

滚动轴承的额定寿命恰好等于10^6r时，轴承所能承受的载荷值，用C表示。不同型号的轴承有不同的基本额定动载荷值，它反映了轴承承载能力的大小。对于向心轴承，C是径向载荷；对于角接触轴承，C是载荷的径向分量；对于推力轴承，C是轴向载荷。载荷大小可以在轴承相关手册中查找。

3. 基本额定寿命计算公式

在同一工作温度下，通过实验可得到载荷与基本额定寿命的关系，用公式表达为

$$L_{10} = \left(\frac{C}{P}\right)^{\varepsilon} \quad (10^6 \text{r}) \tag{8-1}$$

式中　P——当量动载荷，N；
　　　ε——寿命指数，对于球轴承，$\varepsilon = 3$，对于滚子轴承，$\varepsilon = 10/3$。

实际计算时，常用时间来表示轴承的寿命，即

$$L_{10h} = \frac{10^6}{60n}\left(\frac{C}{P}\right)^{\varepsilon} \quad (\text{h}) \tag{8-2}$$

式中　n——轴承转速，r/min。

温度的变化通常会对轴承的材料产生影响，轴承硬度会降低，承载能力也随之下降，为此引入温度系数f_t加以修正，$f_t \leqslant 1$，取值见表8-5。此外，考虑到机器的启动、停车、冲击和振动对当量载荷P的影响，引入载荷系数f_p对P加以修正，$f_p \geqslant 1$，取值见表8-6。于是式(8-2)可改写为

$$L_{10h} = \frac{10^6}{60n}\left(\frac{f_t C}{f_p P}\right)^{\varepsilon} \quad (\text{h}) \tag{8-3}$$

表8-5　温度系数 f_t

轴承工作温度/℃	≤120	125	150	175	200	225	250	300	350
温度系数f_t	1	0.95	0.90	0.85	0.80	0.75	0.70	0.60	0.50

表 8-6 载荷系数 f_p

载荷性质	载荷系数 f_p	举例
无冲击或轻微冲击	1.0～1.2	电机、汽轮机、通风机等
中等冲击或中等惯性力	1.2～1.8	车辆、动力机械、起重机、造纸机、冶金机械、选矿机、水力机械、卷扬机、木材加工机械、传动装置、机床等
强大冲击	1.8～3.0	破碎机、轧钢机、钻探机、振动筛等

选用轴承时，应使轴承的计算寿命 L_{10h} 大于设计预期寿命。预期寿命通常根据转速、每日工作班次、设备重要性等确定。短时、间断、低速运转的轴承，设计预期寿命 5000～10000h；每日 8～16h 工作的中速、低速运转的轴承，为 15000～30000h；连续工作或中断后果严重的，为 40000～100000h。

4. 滚动轴承当量动载荷 P

在实际工作时，轴承可能同时受径向载荷 R 和轴向载荷 A 的复合作用，为能应用额定动载荷值进行轴承的寿命计算，就必须将轴承承受的实际工作载荷转化为一假想载荷——当量动载荷。对向心轴承，当量动载荷是径向当量载荷。对推力轴承而言，当量动载荷是轴向当量载荷。在当量动载荷作用下，滚动轴承具有与实际载荷作用下相同的寿命。

(1) 对只能承受径向载荷的径向接触轴承

$$P = R \tag{8-4}$$

(2) 对只能承受轴向载荷的轴向接触轴承

$$P = A \tag{8-5}$$

(3) 对既能承受径向载荷又能承受轴向载荷的轴承

$$P = XR + YA \tag{8-6}$$

X、Y 可根据 A/R 的值与 e 值的关系确定，见表 8-7。e 值是一个界限值，用来判断是否考虑轴向载荷 F_A 的影响。当 $A/R > e$ 时，必须考虑 A 的影响；当 $A/R \leqslant e$ 时，不考虑 A 的影响，取 $X=1$，$Y=0$。e 值的大小与轴承的类型及 A/C_0 的大小有关，其值见表 8-7。C_0 是该轴承额定静载荷，可在轴承相关手册中查得。

考虑到工作中轴承处的力矩会造成轴承内部出现附加载荷，寿命降低，为此引入力矩载荷系数 f_m 修正，f_m 值查表 8-8。于是，当量动载荷计算公式修正为

$$P = f_m(XR + YA) \tag{8-7}$$

表 8-7 动载荷径向系数 X 和动载荷轴向系数 Y

轴承类型	A/C_0	e	$A/R>e$		$A/R\leqslant e$	
			X	Y	X	Y
深沟球轴承	0.014	0.19	0.56	2.30	1	0
	0.028	0.22		1.99		
	0.056	0.26		1.71		
	0.084	0.28		1.55		
	0.11	0.30		1.45		
	0.17	0.34		1.31		
	0.28	0.38		1.15		
	0.42	0.42		1.04		
	0.56	0.44		1.00		
角接触球轴承 ($\alpha=15°$)	0.015	0.39	0.44	1.47	1	0
	0.029	0.40		1.40		
	0.058	0.43		1.30		
	0.087	0.46		1.23		
	0.120	0.47		1.19		
	0.170	0.50		1.12		
	0.290	0.55		1.02		
	0.440	0.56		1.00		
	0.058	0.56		1.00		
角接触球轴承 ($\alpha=25°$)	—	0.68	0.41	0.87	1	0
角接触球轴承 ($\alpha=40°$)	—	1.14	0.35	0.57	1	0

表 8-8 力矩载荷系数 f_m

力矩大小	无或很小	较小	较大或大
f_m	1.0	1.5	2.0

5. 角接触轴承的轴向载荷计算

(1) 派生轴向力

角接触球轴承的结构特点是在滚动体与外圈滚道接触处存在着接触角 α。当它承受径向载荷 R 时,作用在第 i 个滚动体上的法向力 N_i 可分解为径向分力 F_i 和轴向分力 S_i(图 8-6)。各个滚动体上所受的轴向分力的合力即为派生轴向力 S,作用于轴承的轴线上。派生轴向力的大小与轴承自身的结构有关,与外载荷大小无关,派生轴向力大小按表 8-9 所给公式求出,方向(对轴而言)沿轴向由轴承外圈的宽边指向窄边。

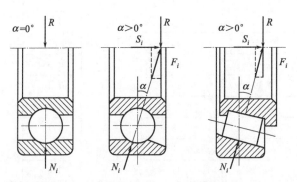

图 8-6 角接触轴承的派生轴向力

□ 表 8-9 角接触轴承内部轴向力的计算公式

轴承类型	角接触球轴承			圆锥滚子轴承
	$\alpha=15°$	$\alpha=25°$	$\alpha=40°$	
S	$S=eR$	$S=0.68R$	$S=1.14R$	$S=R/2Y$

注:式中 Y 值是 $A/R>e$ 时的轴向载荷系数,Y、e 值查表 8-7。

(2) 轴向载荷 A 的计算

在设计中,为了使角接触轴承的派生轴向力得到平衡,角接触轴承需成对使用。其安装方式有两种,图 8-7 所示为面对面安装(正安装),图 8-8 所示为背对背安装(反安装)。F_R 为轴向外载荷。根据 F_R 可以求出轴承 1、2 径向支承反力 R_1、R_2,进而求出轴承 1、2 的派生轴向力 S_1、S_2。

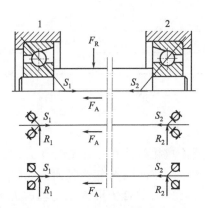

图 8-7 正装角接触球轴承轴向载荷

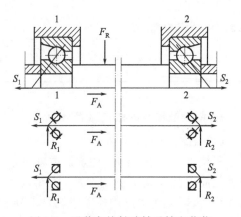

图 8-8 反装角接触球轴承轴向载荷

对于正装轴承部件，当 $S_2+F_A>S_1$ 时，则轴系有向左移动的趋势，轴承 2 为"放松"端，轴承 1 为"压紧"端。当 $S_2+F_A<S_1$ 时，则轴系有向右移动的趋势，轴承 1 为"放松"端，轴承 2 为"压紧"端。对于"压紧"端的轴承，所受到的轴向载荷 $A_紧$ 等于轴系外加轴向载荷 F_A 与被"放松"端轴承的派生轴向力 $S_松$ 的代数和；对于"放松"端的轴承，由于自身结构的特点，它所受的轴向载荷 $A_松$ 等于自身的派生轴向力 $S_松$，即

$$\begin{cases} A_紧 = F_A + S_松 \\ A_松 = S_松 \end{cases} \tag{8-8}$$

当 $S_2+F_A=S_1$ 时，两个轴承所受的轴向载荷等于各自的轴向派生力 S_1、S_2，即

$$\begin{cases} A_1 = S_1 \\ A_2 = S_2 \end{cases} \tag{8-9}$$

归纳起来，角接触轴承所受轴向力的计算方法如下：①根据派生轴向力及轴向外载荷方向、大小，判断轴承是否被"放松"或被"压紧"；②被"放松"的轴承的轴向载荷为其本身的派生轴向力，被"压紧"轴承的轴向载荷为除本身派生轴向力之外的其余各轴向力的代数和。

6. 滚动轴承静载荷的计算

为了防止滚动轴承在静载荷或者冲击载荷的作用下产生过量塑性变形而发生失效，需要进行静强度校核。其计算公式为

$$P_0 \leqslant \frac{C_0}{S_0} \tag{8-10}$$

式中　C_0——基本额定静载荷，N；

　　　P_0——当量静载荷，N；

　　　S_0——静载荷安全系数，可查表 8-10。

表 8-10　滚动轴承静载荷安全系数

轴承应用	使用要求及载荷性质	S_0
旋转轴承	旋转精度和平稳性要求较高或承受强大的冲击载荷	1.2~2.5
	正常使用	0.8~1.2
	旋转精度和平稳性要求较低或基本上消除了冲击和振动	0.5~0.8
静止以及缓慢摆动或转速很低的轴承	桥式起重机	≥1.5
	附加动载荷较小的大型起重机吊钩	≥1.0
	附加动载荷很大的小型装卸起重机吊钩	≥1.6
各种应用情况下的推力调心滚子轴承		≥2.0

（六）滚动轴承的组合设计

要保证轴承顺利工作，除正确选择轴承的类型和尺寸外，还必须合理地进行轴

承的组合设计，即正确地解决轴承的配合、固定、调整及装拆等问题。轴承在轴向上必须固定，使轴、轴承和轴上零件相对于机架有确定的位置，并能承受轴向载荷。同时，在结构上还要保证当工作温度变化时，轴系能够自由伸缩，以免产生较大的附加应力，影响轴系正常工作。

1．滚动轴承的轴向固定

（1）轴承内圈的固定方法

① 轴肩固定，如图 8-9(a) 所示，方便、可靠，是最常用的轴向固定方法。

② 圆螺母固定，如图 8-9(b) 所示，适用于轴承转速较高、承受较大轴向载荷的场合。

③ 轴端挡圈固定，如图 8-9(c) 所示，适用于双向受载、高速的场合。

④ 弹簧挡圈固定，如图 8-9(d) 所示，轻巧，承受的轴向载荷小，常用于深沟球轴承。

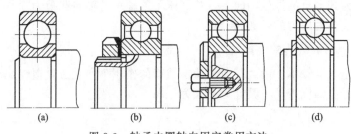

图 8-9　轴承内圈轴向固定常用方法

（2）轴承外圈的固定方法

① 弹簧挡圈固定，如图 8-10(a) 所示，简单、方便、紧凑，但能承受的轴向载荷小。

② 轴承端盖固定，如图 8-10(b) 所示，最常用，适用于轴承转速较高、承受较大轴向载荷的场合。

③ 止动环固定，如图 8-10(c) 所示，与带有止动槽的轴承配套，用于剖分式轴承座。

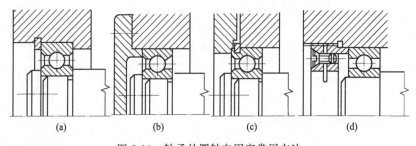

图 8-10　轴承外圈轴向固定常用方法

④ 螺纹环固定，如图 8-10(d) 所示，适用于轴承转速较高、承受较大轴向载荷而不便采用轴承盖时。

2. 滚动轴承的支承形式

常用的固定方法有双支点各单向固定（全固式）、单支点双向固定（固游式）和两端游动支承（全游式）。

(1) 双支点各单向固定（全固式）

双支点单向固定是指轴的两端支点各限制一个方向的轴向位移的结构形式，两个支点组合可限制轴的双向移动。如图 8-11 所示，两个轴承均是利用轴肩顶住内圈，轴承端盖压住外圈来实现单向固定的。轴承端盖通过螺钉与机座连接，每个轴承盖限制轴系一个方向的轴向位移，合起来就限制了轴的双向位移。深沟轴承的结构，只能承受少量的轴向载荷，如需承受较大的轴向载荷，可将轴承改为角接触轴承。

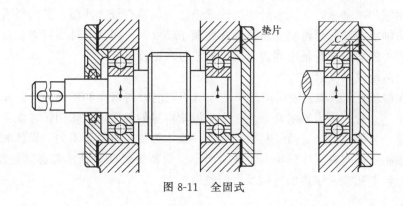

图 8-11 全固式

在工作时，轴系部件温度会升高，为避免轴受热伸长后卡死的问题，故应在轴承外圈与轴承盖之间留出轴向游隙 G，以补偿轴的受热伸长。但因有游隙，轴的位置不准确，故 G 不能太大，可取 $G=0.2\sim0.4\mathrm{mm}$，装配时再用调整垫片进行调整。全固式支承结构简单、安装方便，适用于两支点间的跨距较小、工作温度变化较小、热膨胀量不大及对轴的位置精度要求不高的场合。

(2) 单支点双向固定（固游式）

单支点双向固定是指一个支点限制轴的双向移动，一个支点游动。当轴较长且工作温升较高时，轴的热膨胀量大，采用预留游隙的方法已不足以补偿轴的伸长量，此时应设置一个游动支点（图 8-12），采取一端固定一端游动的支承型式：右端为固定支点，承受双向轴向力；左端为游动支点，只承受径向力，轴受热伸长时可做轴向游动。设计时应注意不要出现多余的或不足的轴向固定。

对于固定支点，其所受轴向力不大时可采用深沟球轴承，外圈左右两面均被固定。当所受的轴向力较大时，固定支点应采用两个角接触轴承对称布置，以分别承受左右两方向的轴向力，并共同承担径向力。

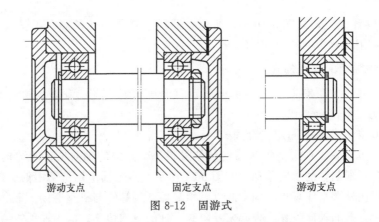

游动支点　　　固定支点　　　游动支点

图 8-12　固游式

对于游动支点，常采用深沟球轴承，当所受的径向力大时也可采用圆柱滚子轴承。选用深沟球轴承时，轴承外圈与轴承盖之间应留有较大间隙，其内圈需在轴向固定以防轴承松脱。当游动支点选用圆柱滚子轴承时，因其内外圈可做轴向相对移动，故内外圈均应进行轴向固定，以免造成过大错位。

（3）两端游动支承（全游式）

两端游动支承结构的轴承适用于工作时不限制轴向双向移动的场合。如图 8-13 所示，对于一对人字齿轮啮合，由于人字齿轮本身的轴向限位作用，考虑到加工误差的问题，齿轮两侧螺旋角不易做到完全一致，为使轮齿受力均匀，设计时应保证大齿轮轴相对机座有固定的轴向位置，而小齿轮轴上的两个轴承都必须是游动的，以防止齿轮卡死或人字齿的两侧受力不均匀。

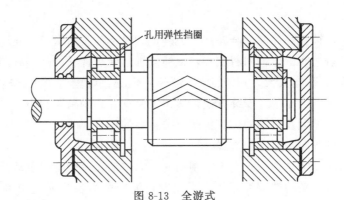

孔用弹性挡圈

图 8-13　全游式

（七）滚动轴承的预紧、配合和拆装

1. 滚动轴承的预紧

由于轴承内部有一定的游隙，在外载荷作用下轴承的滚动体与套圈接触处也会

产生弹性变形，所以，当它工作时内、外圈之间会发生相对移动，从而使轴系的支承刚度及旋转精度下降。对于精度要求高的轴系部件（如机床主轴）常采用预紧的方法增强轴承的刚度。

预紧是指在安装轴承部件时，采取一定的措施，预先对轴承施加一轴向载荷，消除游隙，并使滚动体和内外套圈之间产生一定的预变形，使之处于压紧状态。预紧后的轴承在工作载荷作用下，其内、外圈的轴向及径向的相对移动量比未预紧时要小得多，其支承刚度和旋转精度也会得到显著提高。但预紧量应根据轴承的受载情况和使用要求合理确定，预紧量过大，轴承的磨损和发热量会增加，从而导致轴承的寿命降低。常用的预紧方法如图8-14所示。

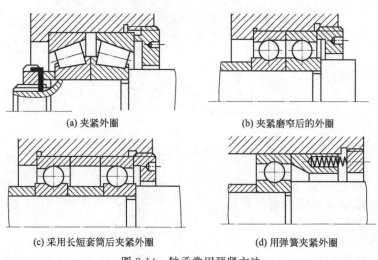

图 8-14　轴承常用预紧方法

2. 滚动轴承的配合

滚动轴承是标准件，轴承内孔与轴颈的配合采用基孔制，轴承外圈与座孔的配合采用基轴制。轴承配合种类应根据载荷的大小、方向和性质，轴承的类型、转速和使用条件，参考轴承相关手册推荐来决定。当外载荷方向不变时，动圈应比固定圈的配合紧些。承受旋转载荷的套圈应选较紧的配合，以防止在载荷作用下该套圈产生相对转动。对于游动支承（采用深沟球轴承等），轴承与座孔的配合应松一些，以便轴承游动。转速高、载荷大、振动强烈的轴承，选用较紧的配合；要求旋转精度高时，为了消除振动的影响，应采用较紧的配合。剖分式轴承座，外圈与座孔应采用较松的配合。

3. 轴承的装拆

由于滚动轴承的配合通常较紧，为便于装配，防止轴承损坏，应采取合理的装配方法保证装配质量，进行组合设计时也应采取相应的措施。安装轴承时，中小轴承可用锤均匀地敲击装配套筒（铜制或铝制）将其慢慢装入。安装尺寸大且内圈与轴颈采用过盈配合的轴承时，可采用压力机压入，或将轴承在油中加热至 80～100℃后进行热装。需要注意的是，力应施加在被装配的套圈上，否则会损伤轴承。拆卸轴承时，可采用专用的工具，如图 8-15 所示。为便于拆卸，轴承的定位轴肩高度应低于其内圈高度。

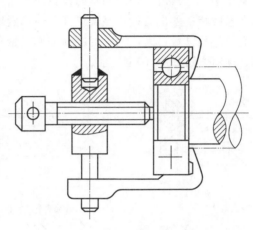

图 8-15　轴承专用拆卸工具

（八）滚动轴承的润滑和密封

1. 滚动轴承的润滑

润滑可以降低滚动轴承内部的摩擦，减少磨损和发热量；轴承的摩擦发热会使轴承升温，油润滑可以起到冷却散热的作用，从而降低轴承的工作温度，延长其使用寿命；良好的润滑状态，可在滚动体与滚道间形成一层使两者隔开的油膜，并可以使接触应力减小。轴承零件的表面上覆盖一层润滑剂，可以防止其表面氧化生锈。

轴承常用的润滑剂有润滑油和润滑脂两种，分别称为油润滑和脂润滑。润滑方式的选择主要应考虑轴承的速度和载荷。通常，根据 dn 值来选择润滑方式。其中，d 为轴颈直径，n 为轴的转速。轴承 dn 值在 $(1.5～2)\times 10^5$ mm·r/min 范围时采用脂润滑。脂润滑具有不易流失，便于密封，不易造成污染，使用周期长等优点。其填充量不宜超过轴承孔隙的 1/3～1/2，过多会引起轴承发热。

当轴承 dn 值大于 2×10^5 mm·r/min 或 dn 值不大但脂润滑不能满足要求时采用油润滑。润滑油的黏度可按 dn 值及工作温度确定，润滑油牌号根据黏度查手册选择。采用油润滑时，常用的润滑方式有以下几种：油浴润滑，适用于速度不高的场合；滴油润滑，适用于需要定量供应润滑油的场合；飞溅润滑，是闭式齿轮传动装置中的轴承常用的润滑方式；喷油润滑，适用于转速高、载荷大、要求润滑可靠的轴承；油雾润滑，适用于轴承滚动体的线速度很高的场合。

2. 滚动轴承的密封

密封的目的是阻止灰尘、水和其他杂物进入轴承，并阻止润滑剂的流失。密封方法的选择与轴的速度、温度以及润滑剂的种类等因素有关，密封方法分为非接触式密封和接触式密封两种。

接触式密封常用的方法有毛毡圈密封和唇形密封圈密封。毛毡圈密封，如图 8-16 所示，适用于脂润滑、环境清洁、圆周速度低于 4～5m/s、温度低于 90℃ 的场合。唇形密封圈密封，如图 8-17 所示，密封圈为标准件，材料为皮革、塑料或耐油橡胶，分有金属骨架和无骨架、单唇和多唇等形式，适用于脂或油润滑、滑动速度低于 7m/s、温度 -40～100℃ 的场合。

图 8-16 毛毡圈密封

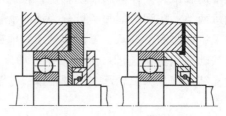

图 8-17 唇形密封圈密封

非接触密封可避免在接触处的滑动摩擦。这类密封不用与轴直接接触，多用于速度较高的场合。间隙密封，如图 8-18 所示，靠轴与盖间的细小间隙密封，间隙越小、越长，效果越好，$\delta=0.1～0.3$mm，适用于脂或油润滑、干燥清洁的环境。迷宫式密封，如图 8-19 所示，旋转件与静止件间的间隙为迷宫（曲路）形式，并在其中填充润滑脂以加强密封效果，分为径向和轴向两种，径向间隙 δ_r 不大于 0.1～0.2mm，考虑到轴的热膨胀，轴向间隙应取大些，$\delta_a=1.5～2$mm，适用于脂或油润滑，温度不高于润滑脂的滴点。其结构复杂，但密封效果好。组合式密封，如图 8-20 所示，常用几种密封方法组合使用。

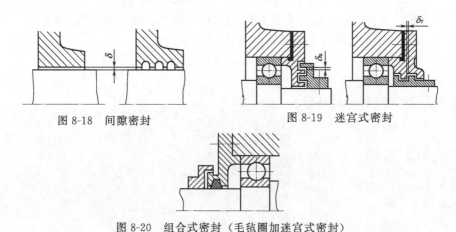

图 8-18 间隙密封　　　　图 8-19 迷宫式密封

图 8-20 组合式密封（毛毡圈加迷宫式密封）

二、滑动轴承

滑动轴承工作平稳、可靠、无噪声、承载能力大、回转精度高、油膜吸振而抗冲击。其主要用于高速、高精度、重载、强冲击、结构上要求剖分、径向尺寸小、安装受限、维护保养及加注润滑油困难等场合。

滑动轴承种类很多，按能承受载荷的方向可分为向心（或径向）滑动轴承（承受径向载荷）、推力（或轴向）滑动轴承（承受轴向载荷）、向心推力轴承（同时承受径向载荷和轴向载荷）；按工作表面摩擦状态的不同可分为非液体摩擦轴承（处于边界摩擦或混合摩擦状态）和液体摩擦轴承；按润滑油膜形成原理的不同可分为液体动压滑动轴承和液体静压滑动轴承；按润滑油膜厚度可分为薄膜润滑轴承和厚膜润滑轴承两类；按润滑剂种类可分为油润滑轴承、脂润滑轴承、水润滑轴承、气体润滑轴承、固体润滑轴承、磁流体轴承和电磁轴承七类；按轴瓦材料可分为青铜轴承、铸铁轴承、塑料轴承、宝石轴承、粉末冶金轴承、自润滑轴承和含油轴承等；按轴瓦结构可分为圆轴承、椭圆轴承、三油叶轴承、阶梯面轴承、可倾瓦轴承和箔轴承等。

任务实施

(1) 计算派生轴向力 S_1、S_2

由表 8-9 查得 7307AC 轴承派生轴向力公式为

$$S = 0.68R$$

则

$$S_1 = 0.68R_1 = 0.68 \times 1650 = 1122\text{N}$$
$$S_2 = 0.68R_2 = 0.68 \times 2250 = 1530\text{N}$$

(2) 计算轴向载荷 A_1、A_2

$$S_2 + F_A = 1530 + 1500 = 3030\text{N}$$

由于 $S_2 + F_A > S_1$，所以轴承 1 被"压紧"，轴承 2 被"放松"，则有

$$A_1 = S_2 + F_A = 1530 + 1500 = 3030\text{N}$$
$$A_2 = S_2 = 1530\text{N}$$

(3) 计算当量动载荷 P_1、P_2

查表 8-7 得 7307AC 轴承的 $e = 0.68$，

$$\frac{A_1}{R_1} = \frac{3030}{1650} = 1.84 > e$$

$$\frac{A_2}{R_2} = \frac{1530}{2250} = 0.68 = e$$

查表 8-7 得

$$X_1 = 0.41, Y_1 = 0.87$$

$$X_1 = 1, Y_1 = 0$$

由于轴系支承处弯矩较小，f_m 取 1，则

$$P_1 = f_m(X_1 R_1 + Y_1 A_1) = 1 \times (0.41 \times 1650 + 0.87 \times 3030) = 3312.6 \text{N}$$
$$P_2 = f_m(X_2 R_2 + Y_2 A_2) = 1 \times (1 \times 2250) = 2250 \text{N}$$

（4）计算轴承寿命

由于两轴承型号相同，$P_1 > P_2$，所以按轴承 1 计算轴承寿命；查表 8-5 得 $f_t = 1$。

$$L_{10h} = \frac{10^6}{60n} \left(\frac{f_t C}{f_p P} \right)^\varepsilon = \frac{10^6}{60 \times 1500} \left(\frac{1 \times 32800}{1.2 \times 3312.6} \right)^3 = 6242 \text{h}$$

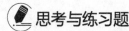 思考与练习题

1. 滚动轴承的主要类型有哪些？各有什么特点？
2. 什么是滚动轴承的基本额定寿命？什么是当量动载荷？如何计算？
3. 为什么采用角接触轴承时要成对布置？
4. 指出下列轴承代号的含义：6410、7206C、7208AC。
5. 滚动轴承失效的主要形式有哪些？计算准则是什么？
6. 试说明角接触轴承内部轴向力产生的原因及其方向的判断方法。
7. 如题图 8-1 中所示，某齿轮减速器输入轴采用深沟球轴承支承，径向载荷 $R_1 = R_2$ = 2180N，轴向外载荷 F_A = 1100N，轴的转速 n = 970r/min，轴颈 d = 55mm，载荷稍有波动，工作温度低于 90℃，要求轴承的设计预期寿命为 35000h，试确定深沟球轴承的型号。

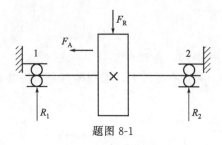

题图 8-1

8. 直齿轮轴系用一对深沟球轴承支承，轴颈 d = 35mm，转速 n = 1450r/min，每个轴承受径向载荷 F_r = 2100N，载荷平稳，预期寿命 L_{10h} = 8000h，试选择轴承型号。
9. 一农用水泵决定选用深沟球轴承，轴颈直径 d = 30mm，转速 n = 2900r/min，已知轴承承受的径向载荷 R_1 = 1500N，外部轴向载荷 F_A = 800N，预期寿命为 6000h，试选择轴承的型号。

项目九 连接

学习目标

1. 了解螺纹的主要参数、螺纹连接的主要类型。
2. 能够正确选择螺纹连接的主要参数，进行螺纹连接强度计算。
3. 了解螺纹连接的预紧和防松，能够选择合理的螺纹连接防松措施。
4. 熟悉键连接的类型、特点和应用。
5. 能够正确选择键连接，并进行强度校核计算。
6. 了解其他连接类型的特点和应用。

任务引入

有一凸缘联轴器（图 9-1），传递转矩 $T = 150 \times 10^3 \text{N} \cdot \text{mm}$，工作载荷平稳，螺栓均匀分布在 $D_0 = 100\text{mm}$ 的圆周上，求螺栓直径（安装时不控制预紧力）。

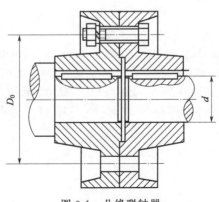

图 9-1 凸缘联轴器

相关知识

组成机械的各构件、零件都是通过连接实现机械的构型和运动。连接分为可拆连接和不可拆连接。允许多次装拆而无损于使用性能的连接,称为可拆连接,如螺纹连接、键连接和销连接。若不损坏组成零件就不能拆开的连接,则称为不可拆连接,如焊接、粘接和铆接。专门用于连接的零件称为连接件,也称为紧固件。

一、螺纹连接

螺纹连接是一种广泛使用的可拆卸的固定连接,具有结构简单、连接可靠、装拆方便等优点。就机械零件而言,被连接零件有轴与轴上零件(如齿轮、飞轮)、轮缘与轮芯、箱体与箱盖、焊接零件中的钢板与型钢等。

(一)螺纹的种类和主要参数

1. 螺纹的形成

如图 9-2(b) 所示,将一倾斜角为 ψ 的直线绕在圆柱体外表便形成一条螺旋线。若取一平面图形,如图 9-2(a),其平面始终通过圆柱的轴线而沿着螺旋线移动,则这个平面图形在空间描绘成一个螺旋形体,称为螺纹。

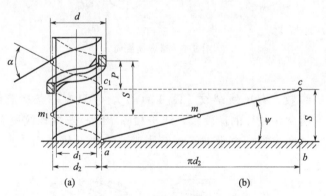

图 9-2 螺纹的形成

2. 螺纹的种类

螺纹一般按以下几方面分类。

螺纹轴向剖面图形常用的有三角形、矩形、梯形、锯齿形和圆形,因此形成的螺纹有三角形螺纹[图 9-3(a)]、矩形螺纹[图 9-3(b)]、梯形螺纹[图 9-3(c)]、锯齿形螺纹[图 9-3(d)]和圆形螺纹[又称管螺纹,多用于有气密性要求的管道连接,见图 9-3(e)]。三角形螺纹和圆形螺纹多用于连接,其余螺纹多用于传动。

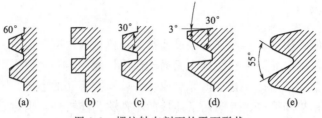

图 9-3 螺纹轴向剖面的平面形状

根据螺旋线的绕行方向，可分为左旋螺纹和右旋螺纹。规定将螺纹直立时螺旋线向左上升为左旋螺纹[图 9-4(b)]，向右上升为右旋螺纹[图 9-4(a)]。其识别方法可用左、右手定则来判断。常用的是右旋螺纹，特殊需要时才用左旋螺纹。如砂轮机轴两端的螺纹和铣床用的杠杆式圆口虎钳的螺杆就需要一左一右。

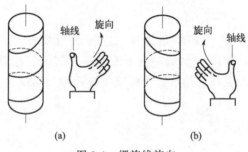

图 9-4 螺旋线旋向

根据螺纹的线数，有单线螺纹[图 9-5(a)]，它只有一条螺旋线；双线螺纹[图 9-5(b)]，它有两条并行的螺旋线，线头相隔 180°；三线螺纹则有三条螺旋线，线头相隔 120°；其余类推。由于加工制造困难，一般不超过四线。双线以上称为

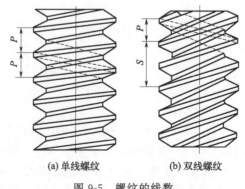

(a) 单线螺纹　　　　(b) 双线螺纹

图 9-5 螺纹的线数

多线螺纹。单线螺纹旋紧后不易松动,自锁性较好。多线螺纹旋进快,效率较高,但易松动。

此外,还可按螺纹在圆柱体上的分布分为外螺纹和内螺纹,如螺栓的螺纹为外螺纹,螺母或螺孔的螺纹就为内螺纹。

根据用途不同,螺纹分为连接螺纹和传动螺纹。单线螺纹多用于连接,多线螺纹用于传动。根据母体形状,螺纹分为圆柱螺纹和圆锥螺纹。螺纹又分为米制和英制两类,我国除管螺纹外,一般都采用米制螺纹。常用螺纹的类型、特点和应用见表9-1。

▣ 表9-1 常用螺纹的类型、特点和应用

类型		图形	特点和应用
连接螺纹	普通螺纹		牙型角 $\alpha=60°$,当量摩擦系数大,自锁性能好。螺纹牙根部较厚,强度高,应用广泛。同一公称直径,按螺距大小分为粗牙和细牙。常用粗牙。细牙的螺距和升角小,自锁性能较好,但不耐磨,易滑扣,常用于薄壁零件,或受到动载荷和要求紧密性的连接,还可用于微调机构等
	圆柱管螺纹		牙型角 $\alpha=55°$。公称直径近似为管子孔径,以 $in^{①}$ 为单位,螺距以每英寸的牙数表示。牙顶、牙底呈圆弧,牙高较小。螺纹副的内外螺纹间没有间隙,连接紧密,常用于低压的水、煤气、润滑或电线管路系统中的连接
	圆锥管螺纹		牙型角为 $\alpha=55°$。与圆柱管螺纹相似,但螺纹分布在1∶16的圆锥螺壁上。旋紧后,依靠螺纹牙的变形使连接更为紧密,主要用于高温、高压条件下工作的管子连接,如汽车,工程机械,航空机械以及机床的燃料、油、水、气输送管路系统
传动螺纹	矩形螺纹		螺纹牙的剖面多为正方形,牙厚为螺距的一半,牙根强度较低。因其摩擦系数较小,效率比其他螺纹高,故多用于传动。但其难以精确加工,磨损后会松动,间隙难以补偿,对中性差,常用梯形螺纹代替
	梯形螺纹		牙型角 $\alpha=30°$,效率虽比矩形螺纹低,但容易加工,对中性好,牙根强度较高,用剖分螺母时,磨损后可以调整间隙,故多用于传动
	锯齿形螺纹		工作边的牙型斜角为 3°,便于铣制;另一边为 30°,以保证螺纹牙根有足够的强度。它兼有矩形螺纹效率高和梯形螺纹牙根强度高的优点,但只能用于承受单向载荷的传动

① 1in(英寸)=25.4mm。

3. 螺纹的参数

在普通螺纹基本牙型中，外螺纹直径用小写字母表示，内螺纹直径用大写字母表示。以圆柱螺纹为例（图9-6），螺纹的参数包括：

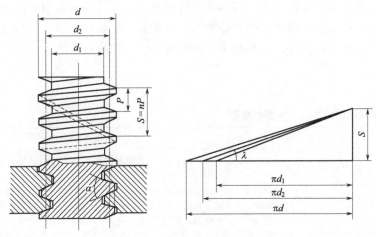

图 9-6　圆柱螺纹的主要几何参数

① 大径 $d(D)$：与外螺纹牙顶（或内螺纹牙底）重合的假想圆柱体的直径，是螺纹的公称直径。

② 小径 $d_1(D_1)$：与外螺纹牙底（或内螺纹牙顶）重合的假想圆柱体的直径，也是外螺纹危险剖面的直径，又称计算直径。

③ 中径 $d_2(D_2)$：螺纹轴向剖面内，牙厚等于牙间宽处的假想圆柱体的直径，又称几何直径。

④ 螺距 P：相邻两牙在中径上对应两点间的轴向距离。

⑤ 导程 S：同一条螺旋线上相邻两牙在中径线上对应两点间的轴向距离。设螺纹线数为 n，则有 $S=nP$，其中单线螺纹 $n=1$，双线螺纹 $n=2$，其余类推。

⑥ 升角 λ：中径 d_2 的圆柱上，螺旋线的切线与垂直于螺纹轴线的平面间的夹角，有

$$\tan\lambda = \frac{S}{\pi d_2} = \frac{nP}{\pi d_2} \tag{9-1}$$

在公称直径 d 和螺距 P 相同的条件下，螺纹线数 n 越多，导程 S 将成倍增加，升角 λ 也相应增大，传动效率也将提高。

⑦ 牙型角 α：螺纹轴向剖面内螺纹牙两侧边的夹角。

普通螺纹的基本尺寸列于表 9-2 中（此表摘自国家标准 GB/T 196—2003）。

表 9-2 普通螺纹的基本尺寸　　　　　　　　　　　　　　　　　　　　　　mm

公称直径(大径) D、d	螺距 P	中径 D_2、d_2	小径 D_1、d_1
6	1 0.75	5.350 5.513	4.917 5.188
7	1 0.75	6.350 6.513	5.917 6.188
8	1.25 1 0.75	7.188 7.350 7.513	6.647 6.917 7.188
9	1.25 1 0.75	8.188 8.350 8.513	7.647 7.917 8.188
10	1.5 1.25 1 0.75	9.026 9.188 9.350 9.513	8.376 8.647 8.917 9.188
11	1.5 1 0.75	10.026 10.350 10.513	9.376 9.917 10.188
12	1.75 1.5 1.25 1	10.863 11.026 11.188 11.350	10.106 10.376 10.647 10.917
14	1.5 1	14.026 14.350	13.376 13.917
16	2 1.5 1	14.701 15.026 15.350	13.835 14.376 14.917
17	1.5 1	16.026 16.350	15.376 15.917
18	2.5 2 1.5 1	16.376 16.701 17.026 17.350	15.294 15.835 16.376 16.917

（二）螺纹连接的四种基本类型

1. 螺栓连接

螺栓连接多用于被连接件不太厚时，用螺栓贯穿两个或多个被连接件的光孔，如表9-3所示，插入螺栓后在螺栓的另一端拧上螺母。普通螺栓连接，螺栓与孔之间有间隙。这种连接的优点是孔的加工精度要求低、结构简单、拆装方便、使用时不受被连接件材料的限制，故应用最广。铰制孔用螺栓连接，其螺杆外径与螺栓孔（由高精度绞刀加工而成）的内径具有同一基本尺寸，并常采用过渡配合（H7/m6、H7/n6）。这种连接能精确固定被连接件的相对位置，并能承受垂直于螺栓轴线的横向载荷，但孔的精度要求较高。

▫ 表9-3 螺纹连接基本类型

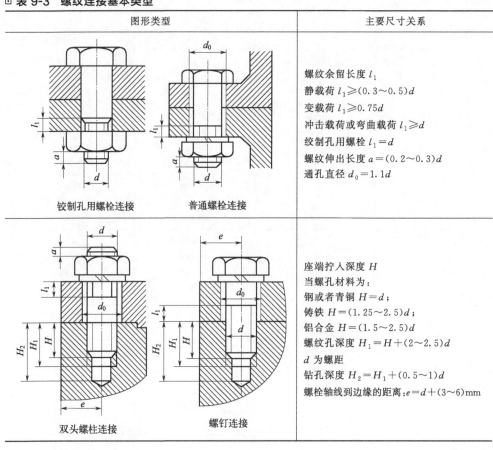

2. 双头螺柱连接

这种连接适用于结构上不能采用螺栓连接的场合。例如没有足够操作空间或被连接件之一太厚不宜制成通孔，材料又比较软（例如用铝镁合金制造的壳体），且需要经常拆装时，往往采用双头螺柱连接。显然，拆卸这种连接时，不用拆下螺柱。

3. 螺钉连接

这种连接的特点是被连接件之一较厚，不宜采用螺栓连接，螺钉直接拧入被连接件的螺纹孔中，省去了螺母，螺杆不外露，外观整齐。在结构上比双头螺柱连接简单、紧凑。但若经常拆装，易使螺纹孔磨损，可能导致被连接件报废，故多用于受力不大，或不需要经常拆装的场合。

4. 紧定螺钉连接

紧定螺钉连接利用拧入零件螺纹孔中的螺钉末端顶住另一零件的表面，如图 9-7(a) 所示，或顶入相应的凹坑中，如图 9-7(b) 所示，以固定两个被连接件之间的位置，并可传递较小的轴向或周向载荷。

除以上四种基本螺纹连接类型外，还有把机器的底座固定在地基上的地脚螺栓连接（如图 9-8 所示），装在机器或者大型零部件的顶盖上便于起吊用的吊环螺钉连接（如图 9-9 所示）以及 T 型螺栓连接（如图 9-10 所示）等。

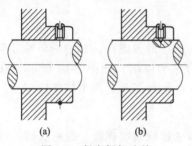
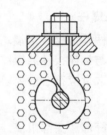

图 9-7　紧定螺钉连接　　　　　图 9-8　地脚螺栓连接

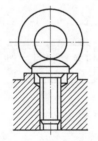
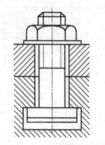

图 9-9　吊环螺钉连接　　　　　图 9-10　T 型螺栓连接

（三）螺纹连接件

螺纹连接件的种类很多，大多数已经标准化，可直接购置。常用螺纹连接件有螺栓、双头螺柱、螺钉、紧定螺钉、螺母及垫圈。

1. 螺栓

螺栓是由头部和螺杆（带有外螺纹的圆柱体）两部分组成的一类紧固件，如

图 9-11 所示，需与螺母配合使用，用于紧固连接两个带有通孔的零件。这种连接形式称为螺栓连接。如果把螺母从螺栓上旋下，又可以使这两个零件分开，故螺栓连接属于可拆卸连接。

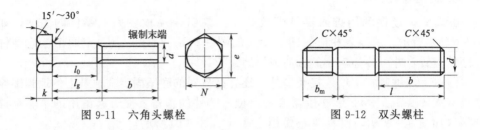

图 9-11　六角头螺栓　　　　　图 9-12　双头螺柱

2. 双头螺柱

双头螺柱是指螺杆两端均有螺纹的圆柱形紧固件。其一端与螺母配合称为螺母端，另一端与被连接件的螺纹孔相配合称为座端，如图 9-12 所示。双头螺柱的直径、长度和数量应符合的要求，双头螺柱的种类和材质由等级确定。

3. 螺钉

螺钉由杆部和头部组成。杆部制有全螺纹或半螺纹。螺钉头部形状很多，有圆头、扁圆头、六角头、圆柱头和沉头等。头部有一字槽头、十字槽头和内六角孔等形式，如图 9-13 所示。

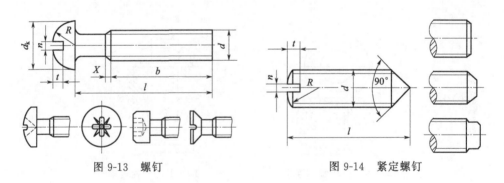

图 9-13　螺钉　　　　　　　　图 9-14　紧定螺钉

4. 紧定螺钉

紧定螺钉的头部形状有方形、六角形、内六角形及开槽等。尾部形状有平端、圆柱端、尖端、锥端、凹端等。每一种头部形状均对应有不同的尾部形状，如图 9-14 所示。

5. 螺母

螺母是带有内螺纹的连接件，如图 9-15 所示。其常与止动垫圈配用，装配时将垫圈内舌插入轴上的内槽,而将垫圈的外舌嵌入圆螺母的槽内,螺母即被锁紧,常用于轴上零件的轴向固定。其形状有普通六角、薄六角、厚六角、小六角、圆形、蝶形、槽形、环形、方形等。螺母的类型有很多,如自锁螺母、防松螺母、锁紧螺母、专用地脚螺钉用螺母、六角薄螺母、吊环螺母等。

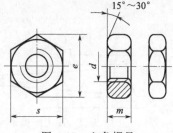

图 9-15　六角螺母

6. 垫圈

垫圈为中间有圆孔或方孔的薄板状零件,如图 9-16 所示。垫圈是螺纹连接中不可缺少的附件,常放置在螺母和被连接件之间,以增大支承面,在拧紧螺母时防止被连接件光洁的加工表面受损伤。当被连接件表面不够平整时,平垫圈也可以起垫平接触面的作用。当螺栓轴线与被连接件的接触表面不垂直时,即被连接表面为斜面时,需要用斜垫圈垫平接触面,防止螺栓承受附加弯矩。

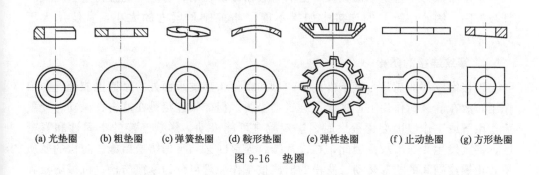

(a) 光垫圈　(b) 粗垫圈　(c) 弹簧垫圈　(d) 鞍形垫圈　(e) 弹性垫圈　(f) 止动垫圈　(g) 方形垫圈

图 9-16　垫圈

(四)螺纹连接的预紧、防松和结构设计

1. 螺纹连接的预紧

一般螺纹连接在装配时都必须拧紧,通常称为预紧,使之在承受工作载荷之前,预先受到力的作用,这个预加作用力称为预紧力。预紧力的大小对螺纹连接的可靠性、强度和密封均有很大影响,对于重要的螺纹连接,应控制其预紧力。预紧的目的是增强连接的可靠性和紧密性,以防止受载后被连接件间出现缝隙或发生相对移动。通常规定预紧后螺纹连接件的预紧力不得超过其材料屈服点 σ_s 的 70%,预紧力的大小应根据载荷性质、连接刚度等具体工作条件确定。对于一般螺纹连接的预紧,可凭经验控制;对于重要螺纹连接,通常是利用控制拧紧力矩的方法来控制预紧力,如采用测力矩扳手(图 9-17)或定力矩扳手(图 9-18)拧紧。

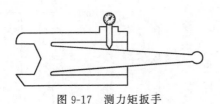

图 9-17 测力矩扳手

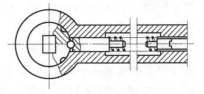

图 9-18 定力矩扳手

对于常用的钢制 M10～M68 的粗牙普通螺纹,拧紧力矩 $T(N \cdot mm)$ 的经验公式为

$$T \approx 0.2 F_0 d \tag{9-2}$$

式中　F_0——预紧力,N;
　　　d——螺纹公称直径,mm。

由于摩擦力不稳定和加在扳手上的力难以准确控制,有时可能拧得过紧而使螺杆被拧断,因此在重要的连接中如果不能严格控制预紧力的大小,宜使用大于 M12 的螺栓。

2. 螺纹连接的防松

连接螺纹都能满足自锁条件,且螺母和螺栓头部支承面处的摩擦也能起到防松作用,故在静载荷作用下,螺栓不会自动松脱。但如果连接是在冲击、振动、变载荷作用下或工作温度变化很大时,连接就有可能松动,影响连接的牢固性和紧密性,甚至发生严重事故。因此,在设计螺纹连接时必须考虑防松措施。防松的实质是防止螺纹副间的相对转动。防松的措施按工作原理可分为摩擦防松、机械防松和破坏螺纹副三类,见表 9-4。

表 9-4　螺纹连接常用的防松方法

摩擦防松方法	弹簧垫圈	对顶螺母	尼龙圈锁紧螺母
	弹簧垫圈材料为弹簧钢,装配后垫圈被压平,其反弹力能使螺纹副内部保持压紧力和摩擦力	利用两螺母的对顶作用使螺纹副内始终受到附加的拉力和附加的摩擦力,结构简单,可用于低速重载场合	螺母中嵌有尼龙圈,拧上后尼龙圈内孔被胀大,箍紧螺栓

续表

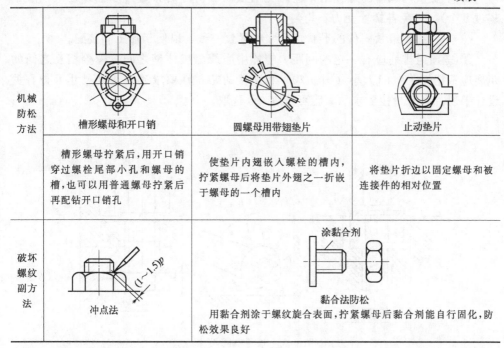

3. 螺栓组的结构设计

一般情况下，螺栓连接通常是成组使用。合理地布置螺栓组是螺栓连接设计的重要设计内容，它主要的目的在于合理地确定连接接合面的几何形状、螺栓的数目及其布置形式，力求各螺栓和接合面间受力均匀、合理，便于加工和装配。为此设计时应考虑以下几个问题。

① 接合面的形状应力求简单，最好是矩形、圆形或方形。同一圆周上，螺栓数目应采用 4、6、8、12 等，以便于画线和分度，如图 9-19 所示，使螺栓组的几何形心和被连接件的几何形心重合，最好有两个互相垂直的对称轴，以便于加工和计算。

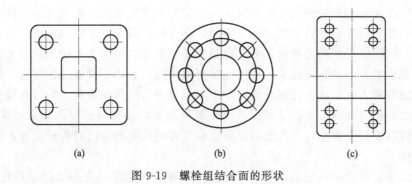

图 9-19　螺栓组结合面的形状

② 承受横向载荷的螺栓组，应避免沿横向载荷方向布置过多的螺栓（一般不超过 8 个），以免各螺栓受力不均匀。

③ 同一螺栓组紧固件的形状、尺寸应尽量一致，以便于加工和装配。

④ 螺栓组排列应有一定的间距，螺栓中心线与机体壁之间、螺栓相互之间的距离应根据扳手空间大小（图 9-20）和连接的密封性要求确定，其尺寸可查有关设计手册，有密封性要求的间距可按表 9-5 选取。

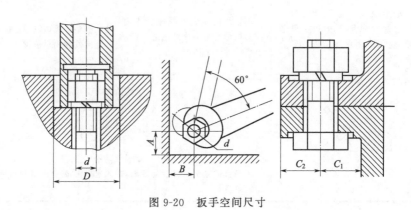

图 9-20　扳手空间尺寸

表 9-5　螺栓连接的最大间距 l_{max}

工作压力 p/MPa	<1.6	1.6~10	10~16	16~20	20~30
最大间距 l_{max}	$7d$	$4.5d$	$4d$	$3.5d$	$3d$

⑤ 当螺栓连接承受弯矩或转矩时，应将螺栓尽可能地布置在结合面的边缘处，以减少螺栓所承受的载荷。如果普通螺栓连接承受较大横向载荷作用，则可用键、套筒、销等零件来分担横向载荷，这样可减小螺栓的预紧力和结构尺寸。

（五）螺纹连接的强度计算

螺栓连接所传递的载荷主要有两类：一类为外载荷沿螺栓轴线方向，称为轴向载荷；一类为外载荷垂直于螺栓轴线方向，称为横向载荷。对螺栓来讲，当传递轴向载荷时，螺栓受到的是轴向拉力，故称为受拉螺栓，可分为不受预紧力的松螺栓连接和受预紧力的紧螺栓连接。当传递横向载荷时，若采用普通螺栓连接，依靠螺栓连接的预紧力使被连接件接合面间产生摩擦力来传递横向载荷，此时螺栓所受的是预紧力，仍为轴向拉力；若采用铰制孔螺栓连接，螺杆与铰制孔间是过渡配合，工作时依靠螺杆受剪和杆与孔壁相互挤压来传递横向载荷，此时螺杆受剪，故称为受剪螺栓。

螺纹连接的主要失效形式有：①螺栓杆和螺纹发生塑性变形；②螺栓杆拉断；

③螺栓疲劳断裂；④螺栓杆或螺栓孔压溃；⑤螺栓杆剪断。其中，①、②为受拉螺栓在静载时的主要失效形式；③为在变载荷作用下的主要失效形式；④、⑤为铰制孔用螺栓连接的主要失效形式。

为避免上述失效，螺纹连接的设计准则为：对于受拉螺栓，保证螺栓的静力或疲劳抗拉强度；对受剪螺栓，保证螺栓的抗剪强度和连接的挤压强度。

螺纹连接的强度计算，主要是根据连接的类型、连接的装配情况（是否预紧）、载荷状态等条件，确定螺栓的受力；然后按相应的强度条件计算螺栓的危险截面直径（螺纹小径 d_1），并据此确定螺栓的公称直径 d。

1. 松连接的强度计算

松螺栓连接时不需要把螺母拧紧，在承受工作载荷前，除有关零件的自重（自重一般很小，强度计算时可略去）外，连接并不受力。图 9-21 所示吊钩尾部的连接是其应用实例。当承受轴向工作载荷 F_a 时，其强度条件为：

$$\sigma = \frac{F_a}{\pi d_1^2 / 4} \leqslant [\sigma] \tag{9-3}$$

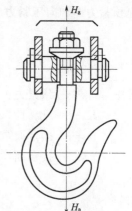

图 9-21 起重吊钩

式中　d_1——螺纹小径，mm；
　　　F_a——螺栓杆所受轴向力，N；
　　　σ——螺栓杆危险截面上的应力，MPa；
　　　$[\sigma]$——螺栓杆所能承受的许用应力，MPa。

设计公式为：

$$d_1 \geqslant \sqrt{\frac{4F_a}{\pi [\sigma]}} \tag{9-4}$$

求出 d_1 后，再查表 9-2 得到螺栓的公称直径。

2. 紧连接的强度计算

（1）只受预紧力的紧螺栓连接

紧螺栓连接就是在承受工作载荷之前必须把螺母拧紧。拧紧螺母时，螺栓一方面受到拉伸，轴向力称为预紧力，另一方面又因螺纹中阻力矩的作用而受到扭转，因而，危险截面上既有拉应力 σ，又有扭转产生的切应力 τ。在计算时，可以只按拉伸强度来计算，并将所受的拉力增大 30% 来考虑扭转切应力的影响，即

$$F = 1.3 Q_P \tag{9-5}$$

式中　Q_P——预紧力，N；
　　　F——计算载荷，N。

强度条件为

$$\sigma = \frac{1.3 Q_P}{\pi d_1^2 / 4} \leqslant [\sigma] \tag{9-6}$$

设计公式为

$$d_1 \geqslant \sqrt{\frac{4\times 1.3 Q_P}{\pi [\sigma]}} \tag{9-7}$$

(2) 承受预紧力和横向载荷的紧螺栓连接

如图 9-22 所示,此种螺栓与孔之间留有间隙,承受垂直于螺栓轴线的横向工作载荷 F,它靠被连接件间产生的摩擦力保持被连接件间无相对滑动。若接合面间的摩擦力不足,在横向载荷作用下发生相对滑动,则认为连接失效。因此所需的螺栓预紧力即轴向压紧力应为:

$$Q_P m f \geqslant K_f F$$

$$Q_P \geqslant \frac{K_f F}{m f} \tag{9-8}$$

式中 Q_P——预紧力;

K_f——可靠性系数,通常取 $K_f=1.1\sim 1.3$;

m——接合面数目;

f——接合面摩擦系数,对于钢或铸铁被连接件可取 $f=0.1\sim 0.15$。

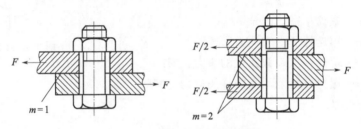

图 9-22 受横向载荷的螺栓连接

求出预紧力后,可按式(9-6)计算螺栓强度。

根据式(9-8),当取 $f=0.15$、$K_f=1.2$、$m=1$ 时,$Q_P\geqslant 8F$,即预紧力应为横向工作载荷的 8 倍,所以螺栓连接靠摩擦力来承担横向载荷时,其尺寸是较大的。

为了避免上述缺点,可用销、套筒或键来承担横向工作载荷,如图 9-23 所示,而螺栓仅起连接作用。这种具有减载零件的紧螺栓连接,其连接强度按减载零件承受剪切和承受挤压的条件计算,而螺纹连接只是保证连接,不再承受工作载荷,因此预紧力不必很大。但这种连接增加了结构和工艺上的复杂性。

(3) 承受轴向工作载荷的螺栓连接

螺栓连接承受轴向工作载荷比较常见,压力容器的顶盖和壳体的凸缘连接就是其典型实例,如图 9-24 所示。设压力容器内气压为 p、汽缸内径为 D、凸缘上螺栓数为 z,则缸体周围每个螺栓平均承受的轴向工作载荷为

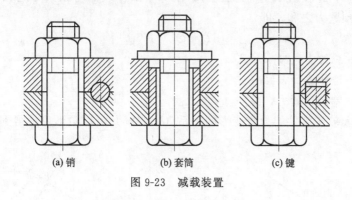

(a) 销　　　　(b) 套筒　　　　(c) 键

图 9-23　减载装置

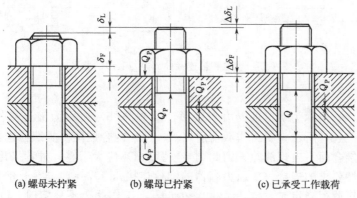

(a) 螺母未拧紧　　(b) 螺母已拧紧　　(c) 已承受工作载荷

图 9-24　受轴向载荷的螺栓变形

$$F=\frac{p\pi D^2/4}{z} \tag{9-9}$$

在承受轴向工作载荷的螺栓连接中，螺栓实际承受的总拉伸载荷 Q，并不等于预紧力 Q_P 与 F 之和。现说明如下：

螺栓与被连接件受载前后的情况见图 9-24。图 9-24(a) 所示是螺母还没有拧紧时的情况，螺母刚好和被连接件接触，被连接件和螺栓没有发生变形。如图 9-24(b) 所示，螺栓连接拧紧螺母后，螺栓受到拉力 Q_P 作用而伸长了 δ_L，被连接件受到压缩力 Q_P 作用而缩短了 δ_F。在连接件承受轴向工作载荷 F 时，螺栓的伸长量增加 $\Delta\delta$ 而成为 $\delta_L+\Delta\delta_L$，对应的拉力就是螺栓的总拉伸载荷 Q，如图 9-24(c) 所示。与此同时，被连接件则随着螺栓的伸长而弹回，其压缩量也减少了 $\Delta\delta_F$，而成为 $\delta_F-\Delta\delta_F$，与此对应的压力就是剩余预紧力 Q'_P，如图 9-24(c) 所示。在连接中，Q'_P 具有极重要的意义。为了防止载荷骤然消失时出现冲击，特别是在压力容器中要保证紧密性，因此 Q_P 的数值应满足一定条件。

由此可知，螺栓所承受的总拉力 Q 不等于工作载荷与预紧力之和，而是工作载荷与剩余预紧力之和，即

$$Q = Q'_P + F \tag{9-10}$$

式中　Q——总拉力，N；
　　　F——工作载荷，N；
　　　Q'_P——剩余预紧力，N。

用螺栓和被连接件的力与变形的关系（图 9-25）可以更形象地得到以上结果。

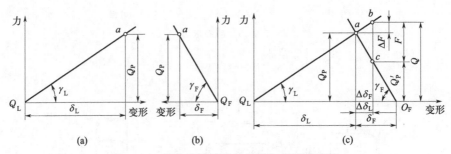

图 9-25　螺栓和被连接件的力与变形的关系

图 9-25(a) 所示为螺栓的受力与变形，图 9-25(b) 所示为被连接件的受力与变形，图 9-25(c) 所示为受工作载荷后 (a)、(b) 的合成图。紧螺栓连接应能保证被连接件的接合面不出现缝隙，因此剩余预紧力 Q'_P 应大于零。推荐采用的 Q'_P 为：对于有紧密性要求的连接（如压力容器的螺栓连接），$Q'_P = (1.5 \sim 1.8)F$；对于一般连接，工作载荷稳定时，$Q'_P = (0.2 \sim 0.6)F$，工作载荷不稳定时，$Q'_P = (0.6 \sim 1.0)F$；对于地脚螺栓连接，$Q'_P > F$。

由图 9-25 所示的几何关系得，各力的关系为

$$Q = Q_P + \Delta F, \Delta F = \frac{C_L}{C_L + C_F} F, Q_P = Q'_P + \left(1 - \frac{C_L}{C_L + C_F}\right) F \tag{9-11}$$

式中　$\dfrac{C_L}{C_L + C_F}$——螺栓相对刚度；
　　　C_L——螺栓刚度，$C_L = \tan\gamma_L$；
　　　C_F——被连接件刚度，$C_F = \tan\gamma_F$。

在一般计算中，可先根据连接的工作要求规定剩余预紧力 Q'_P，其次由式(9-10) 求出总拉伸载荷 Q，然后按式(9-6) 计算螺栓强度。

若轴向工作载荷在 $0 \sim F$ 间周期性变化，则螺栓所受总拉伸载荷在 $Q_P \sim F$ 间变化。受变载荷螺栓的粗略计算可按总拉伸载荷 F 进行，其强度条件仍用式(9-6)计算。

3. 受剪螺栓连接

如图 9-26 所示，铰制孔螺栓连接是将螺栓穿过被连接件上的铰制孔，并与其

形成过渡配合,螺栓杆与孔壁之间无间隙,接触表面承受挤压,在连接接合面处,螺栓杆则承受剪切。因此,应分别按挤压及剪切强度条件计算。

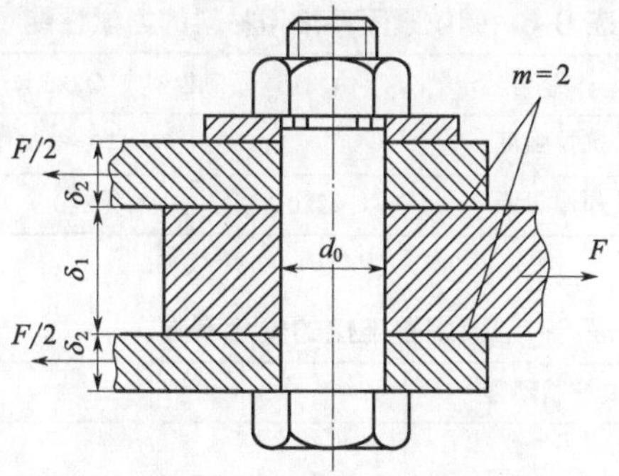

计算时,假设螺栓杆与孔壁表面上的压力分布是均匀的,且因为这种连接所受的预紧力很小,所以不考虑预紧力和螺纹摩擦力矩的影响。螺栓杆与孔壁的挤压强度条件为

$$\sigma_p = \frac{F}{d_0 \delta} \leqslant [\sigma_p] \quad (9\text{-}12)$$

图 9-26 承受工作剪力的铰制孔用螺栓

螺栓杆的剪切强度条件为

$$\tau = \frac{F}{m \dfrac{\pi d_0^2}{4}} \leqslant [\tau] \quad (9\text{-}13)$$

式中 d_0——螺栓受剪面直径,mm;
F——单个螺栓横向载荷,N;
m——剪切面面数;
δ——螺栓杆上承受挤压的最小高度,取 δ_1 和 δ_2 两者之小值;
$[\tau]$——螺栓的许用剪切应力,MPa;
$[\sigma_p]$——螺栓或孔壁较弱材料的许用挤压应力,MPa。

(六)螺纹连接的材料和许用应力

1. 螺纹连接件常用的材料

螺栓的常用材料为中碳钢和低碳钢,如 Q215、Q235、35 钢和 45 钢,重要和特殊用途的螺纹连接件可采用合金钢,如 15Cr、40Cr 及 30CrMnSi 等。螺母材料为中碳钢。普通垫圈的常用材料为 Q235、15 钢、35 钢,弹簧垫圈常用65Mn 钢。

2. 螺纹连接材料的许用应力

国家标准规定螺纹紧固件按材料的力学性能等级分级。螺母的性能等级分为 4、5、6、8、9、10、12,共 7 个级别,代号表示的是与该螺母相配的最高性能等级的螺栓的抗拉强度极限的 1/100。螺栓、螺钉(不包括紧定螺钉)的性能等级有 3.6、4.6、4.8、5.6、5.8、6.8、8.8、9.8(仅适用于 $d \leqslant 16\text{mm}$)、10.9、12.9,共 10 个级别。代号的意义如下:若螺栓的性能等级为 4.6,则该螺栓的抗拉强度 σ_b 和屈服强度 σ_s 分别为 $\sigma_b = 4 \times 100 = 400\text{MPa}$、$\sigma_s = 4 \times 6 \times 10 = 240\text{MPa}$。

▫ 表 9-6　螺纹紧固件常用材料的力学性能　　　　　　　　　　　　　　　　　　MPa

钢号	Q215	Q235	35	45	40Cr
抗拉强度 σ_b	340～420	410～470	540	610	750～1000
屈服极限 σ_s	220	240	320	360	650～900

▫ 表 9-7　紧螺栓连接的安全系数

控制预紧力		1.2～1.5				
不控制预紧力	材料	静载荷			动载荷	
		M6～M16	M16～M30	M30～M60	M6～M16	M16～M30
	碳钢	4～3	3～2	2～1.3	10～6.5	6.5
	合金钢	5～4	4～2.5	2.5	7.5～5	5
铰制孔用螺栓连接		钢 $s_\tau=2.5, s_p=1.25$ 铸铁 $s_p=2.0～2.5$			钢 $s_\tau=3.5～5, s_p=1.5$ 铸铁 $s_p=2.5～3$	

螺栓的许用应力与材料、载荷性质、制造和装配方法及螺栓的尺寸有关。普通螺栓的许用应力按以下三式确定：

螺栓的许用应力：

$$[\sigma]=\frac{\sigma_s}{s} \tag{9-14}$$

螺栓的许用切应力：

$$[\tau]=\frac{\sigma_s}{s_\tau} \tag{9-15}$$

螺栓的许用挤压应力：

$$[\sigma_p]=\frac{\sigma_b}{s_p}(铸铁)，[\sigma_p]=\frac{\sigma_s}{s_p}(钢) \tag{9-16}$$

式中　σ_s——屈服极限，可查表 9-6；

　　　σ_b——抗拉强度，可查表 9-6；

　　　$s、s_\tau、s_p$——安全系数，可查表 9-7。

二、键连接

键连接主要用于轴与安装在轴上的回转零件（如齿轮、带轮、链轮等）的轴毂之间的连接，实现周向固定和传递转矩，是应用最多的轴毂连接方式。键是一种标准件，键连接属可拆连接。

（一）键连接的类型和工作原理

键连接按键的结构形式可分为平键连接、半圆键连接、楔键连接和切向键连接等。

1. 平键连接

平键连接具有结构简单、装拆方便、对中性好、应用广泛等优点。但平键不能承受轴向力，对轴上零件不能起到轴向固定作用。根据用途的不同，平键连接分为普通平键连接、导向平键连接和滑键连接。普通平键连接属于静连接。导向平键连接和滑键连接属于动连接，即轴与轮毂之间有相对轴向移动的连接。

（1）普通平键

普通平键的工作面是两侧面（图 9-27），工作时，依靠键与键槽侧面的挤压传递转矩。键的上表面与轮毂的键槽底面间留有间隙。普通平键按端部形状可分为圆头平键（A 型）、方头平键（B 型）、单圆头平键（C 型），如图 9-27 所示。

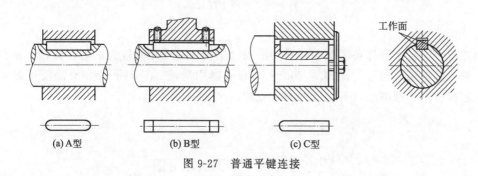

图 9-27 普通平键连接

A 型平键：轴上键槽是用端面（指状）铣刀加工的，键与键槽同形，键在键槽中固定良好，但键的端部侧面与轮毂键槽不接触，所以圆头部分不能承受载荷，从而使键连接沿长度方向的承载能力不能充分发挥，且轴上键槽端部应力集中较大，降低了轴的疲劳强度。A 型键应用最广泛。

B 型平键：轴上键槽用盘形铣刀加工，键与键槽不同形，键的轴向固定性较 A 型差，常需用紧定螺钉辅助固定，但轴上键槽端部的圆角大，应力集中较小。

C 型单圆头平键：键槽也是用端面（指状）铣刀加工的，常用于轴端与轴上零件的连接。

（2）导向平键

导向平键与普通平键结构相似，但比较长，其长度等于轮毂宽度与轮毂轴向移动距离之和，如图 9-28 所示，用螺钉在轴上的键槽中固定，工作时允许轴上零件沿轴向滑动，适用于移动距离不大的场合。若零件滑移距离较大，则所需导向平键长度过大，制造困难，宜用滑键连接。

（3）滑键

滑键固定在轮毂上（图 9-29），滑键较短，而轴上的键槽比较长，键与轴槽为

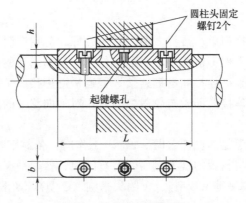

图 9-28 导向平键连接

间隙配合,轴上零件可带键在轴槽中滑动,适用于移动距离较大的场合。轴上需铣出较长的键槽,当移动距离为 200~300mm 时用滑键。导向平键和滑键使用时要求粗糙度小、摩擦小,否则键的寿命较短。

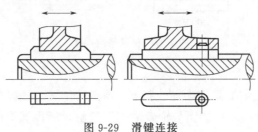

图 9-29 滑键连接

2. 半圆键连接

在半圆键连接中(图 9-30),轴上的键槽是用尺寸相同的半圆键槽铣刀铣出的,因而键在槽中能绕其几何中心摆动以适应轮毂键槽的斜度。半圆键工作时,也

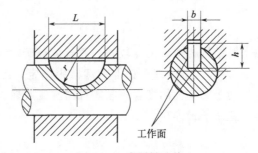

图 9-30 半圆键连接

是靠键的侧面来传递转矩。半圆键连接工艺性好，装配方便，但轴上键槽较深，对轴的强度削弱大，一般用于轻载静连接中，适用于锥形轴端的连接。

3. 楔键连接

键的上表面与轮毂上键槽的底面各有1∶100的斜度（图9-31），键楔入键槽后具有自锁性，可在轴、轮毂孔和键的接触表面上产生很大的楔紧力，工作时靠摩擦力实现轴上零件的周向固定并传递转矩，同时可实现轴上零件的单向轴向固定，传递单方向的轴向力。

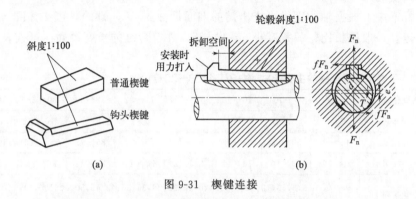

图 9-31 楔键连接

楔键连接会使轴上零件与轴的配合产生偏心，故适用于精度要求不高和转速较低的场合。常用的有普通楔键和钩头楔键。

4. 切向键连接

切向键由一对普通楔键组成（图9-32），装配时将两键楔紧，窄面为工作面，其中与轴槽接触的窄面过轴线，工作压力沿轴的切向作用，能传递很大的转矩。一对切向键只能传递单向转矩，传递双向转矩时，需用两对切向键，互成120°～135°分布。

切向键对中性较差，键槽对轴的削弱大，适用于直径大于100mm的轴，且对中性要求不高的场合，如重型矿山机械。

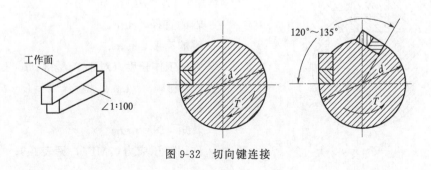

图 9-32 切向键连接

（二）键的选择和强度校核

键属于标准件，在设计键连接时，可按以下步骤进行。

1. 平键的尺寸选择

（1）键的类型选择

选择键的类型时应考虑以下因素：对中性要求、传递转矩的大小、轮毂是否需要沿轴向移动及移动距离的大小、键的位置是在轴的中部或端部等。

（2）键的尺寸选择

在标准中，根据轴的直径可查出键的剖面尺寸 $b×h$，键的长度 L 根据轮毂的宽度确定，一般键长比轮毂宽度小 5～10mm，并符合键的长度系列，可查表 9-8。

▷ 表 9-8　平键和普通楔键的主要尺寸（GB/T 1563—2017）　　　　　　　　　　mm

轴的直径 d	6～8	8～10	10～12	12～17	17～22	22～30	30～38	38～44
键的尺寸 $b×h$	2×2	3×3	4×4	5×5	6×6	8×7	10×8	12×8
轴的直径 d	44～50	50～58	58～65	65～75	75～85	85～95	95～110	110～130
键的尺寸 $b×h$	14×9	16×10	18×11	20×12	22×14	25×14	28×16	32×18
键的长度系列 L	6,8,10,12,14,16,18,20,22,25,28,32,36,40.45,50,000100,11, 125,140,160,180,200,220,250							

2. 平键的强度计算

键连接的失效形式有压溃、磨损和剪断。由于键为标准件，其剪切强度足够，因此用于静连接的普通平键主要失效形式是工作面的压溃；对于滑键、导向平键的动连接，主要失效形式是工作面的磨损。因此，通常只按工作面的最大挤压应力 σ_p（动连接用最大压强 p）进行强度计算。如图 9-33 所示，由平键连接受力分析可知

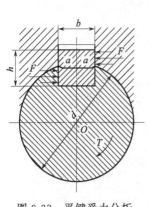

图 9-33　平键受力分析

$$静连接 \quad \sigma_p = \frac{4T}{dhl} \leqslant [\sigma_p] \quad (9-17)$$

$$动连接 \quad p = \frac{4T}{dhl} \geqslant [p] \quad (9-18)$$

式中　d——轴的直径，mm；

h——键的高度，mm；

l——键的工作长度（对于 A 型键，$l=L-b$；B 型键，$l=L$；C 型键，$l=L-b/2$），mm；

T——转矩，N·mm；

$[\sigma_p]$——许用挤压应力，MPa，见表 9-9；

[p]——许用压强，MPa，见表 9-9。

如果键连接计算结果不能满足强度要求，可采用以下措施：

① 可适当增加轮毂宽度及键的长度。

② 可采用相隔 180°的双平键连接代替。当采用双平键连接时载荷分布不均匀，在计算强度时，应折合 1.5 个键进行计算。

③ 可将 A 型键换成 B 型键或与过盈连接配合使用。

表 9-9 键连接的许用挤压应力和许用压强　　　　　　　　　　　　　　　　MPa

许用挤压应力和许用压强	轮毂材料	载荷性质		
		静载荷	轻微冲击载荷	冲击载荷
[σ_p]	钢	125～150	100～120	60～90
	铸钢	70～80	50～60	30～45
[p]	钢	50	40	30

（三）花键连接

如果使用一个平键不能满足轴所传递的转矩要求，可在同一轴毂连接处均匀布置两个或三个平键。而且由于载荷分布不均的影响，在同一轴毂连接处均匀布置 2 个（或 3 个）平键时，只相当于 1.5（2）个平键所能传递的转矩。显然，键槽越多，对轴的削弱就越大。如果把键和轴做成一体就可以避免上述缺点。多个键与轴做成一体就形成了花键。花键由多个键齿与键槽在轴和轮毂孔的周向均布而成。花键连接由外花键和内花键组成，花键的工作面是齿侧面，靠工作面的相互挤压传递转矩。花键连接可用于静连接或动连接。

花键连接的优点为：因为在轴上和轮毂孔上直接而匀称地制出较多的齿与槽，故连接受力较均匀，承载能力高；键槽较浅，齿根处应力集中较小，轴与毂强度削弱较少；轴上零件与轴的对中性好、导向性好；可用磨削的方法提高加工精度及连接质量。其缺点为：齿根仍有应力集中；需用专门机床加工，成本较高。

花键连接适用于定心精度要求较高、载荷大或经常滑移的连接。花键已标准化，花键连接的齿数、尺寸、配合等均应按标准选取。花键按齿形不同分为：矩形花键、渐开线花键。

1. 矩形花键

如图 9-34(a) 所示的矩形花键，按齿高不同分为轻系列和中系列。轻系列承载能力小，多用于轻载的静连接，中系列多用于中等载荷的静连接或零件仅在空载下移动的动连接。矩形花键以小径定心，即外花键和内花键的小径为配合面。其特点为：定心精度高、对中稳定、能用磨削方法消除热处理引起的变形、应用广泛。

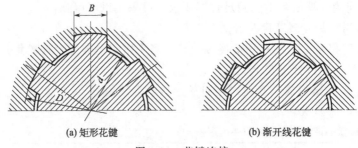

图 9-34 花键连接

(a) 矩形花键　　(b) 渐开线花键

2. 渐开线花键

渐开线花键的齿廓为渐开线，如图 9-34(b) 所示，分度圆压力角 α 有 30°和 45°两种。渐开线花键齿根较厚，齿根圆角较大，应力集中较小，故连接强度较高、寿命长；可以利用加工齿轮的各种加工方法加工，工艺性好、制造精度高。因此，其应用日渐广泛。

渐开线花键的定心方式为齿形定心，具有自动定心的作用，适用于载荷大、对中性要求高、轴径大的连接。

三、其他连接类型

1. 销连接

销可用于定位、锁紧或连接。销的主要用途是固定零件之间的相互位置，并可传递不大的载荷，也可用作过载保护元件，如减速器中的定位销、套筒联轴器里的连接销和安全联轴器中的安全销。

销的基本形式为圆柱销和圆锥销，如图 9-35(a)、(b) 所示。圆柱销利用微量的过盈固定在较光滑的销孔中，多次装拆将有损于连接的紧固，其定位精度也会降低。圆锥销有 1∶50 的锥度，安装比圆柱销方便，多次装拆对定位精度的影响也较小。

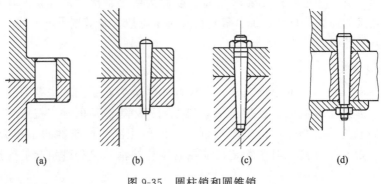

图 9-35 圆柱销和圆锥销

销的常用材料为 35 钢、45 钢。

销还有许多特殊形式。图 9-35(c) 所示是大端具有外螺纹的圆锥销，便于拆卸，可用于盲孔。图 9-35(d) 所示是小端带外螺纹的圆锥销，可用螺母锁紧，适用于有冲击的场合。图 9-36(a) 所示是带槽的圆柱销，销上有 3 条压制的纵向沟槽，图 9-36(b) 所示是放大的俯视图，其细线表示打入销孔前的形状，粗线表示打入后变形的结果，这使销与孔壁压紧，不易松脱，能承受振动和变载荷。使用这种销连接时，销孔不需要铰制，且可多次装拆。

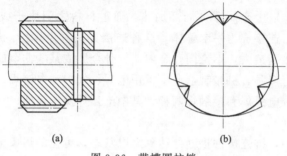

图 9-36　带槽圆柱销

2. 过盈配合连接

常用于轴与轮毂的连接，由于包容件（一般是轮毂）与被包容件（一般是轴）间存在着过盈量，所以装配后在两者的配合表面间产生压力，工作时靠此压力诱发的摩擦力传递转矩或轴向力，如图 9-37 所示。过盈量使包容件和被包容件的结合表面之间产生一定的径向正压力，当过盈连接承受轴向力或转矩时，结合面上产生足够的摩擦力或摩擦力矩与外载荷抗衡。在过盈连接中，结合面可以是圆柱面，也可以是圆锥面。这种连接结构简单，同轴性好，对轴的强度削弱少，耐冲击的性能好，但由于其承载能力主要取决于过盈量的大小，故对配合表面加工精度要求较

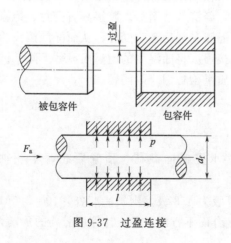

图 9-37　过盈连接

高。过盈量不大时，允许拆卸，但多次拆卸将影响该连接的工作能力，过盈量过大时，一般是不允许拆卸的。

由于过盈配合连接经过多次装拆后，配合面会受到严重损伤，当装配过盈量很大时，装好后再拆开就更加困难。因此，为了保证多次装拆后的配合仍能具有良好的紧固性，可采用液压拆卸，一些同轴度要求较高、受载较大或者有冲击的轴毂连接，往往同时应用键（销）连接和过盈连接来保证其连接可靠和同轴度要求。例如重载齿轮或涡轮与轴的连接。

3. 焊接

把两个或两个以上金属零件局部加热，通过材料之间原子或分子的结合和扩散，使金属熔融后连接成为一个整体，这种连接方法称为焊接，属于不可拆连接。焊接广泛用于机械制造中。不论同种金属、异种金属或某些非金属材料均可以进行焊接。焊接方法有多种，机械制造业中常用电焊、气焊和电渣焊，其中尤以电焊应用最广，电焊又分电弧焊和接触焊两种，其中电弧焊操作简便、连接质量好、适用范围广。

在焊接过程中，被连接件接缝处达到熔融状态，熔化的焊条金属填充接缝处的空隙而形成焊缝，构成连接。焊接具有节约原材料、减小零部件质量、简化工艺、减轻劳动强度和提高产品质量等优点。焊接广泛用于制造金属构架、容器壳体、机架等结构。在单件生产情况下，采用焊接一般制造周期短、成本低。

4. 胶接

胶接是将两种或两种以上的零件，用胶黏剂涂于被连接件之间并经固化后连接的一种连接工艺方法。胶接应用于木材由来已久，而随着高分子材料的发展，出现了许多新型的胶黏剂，故在现代工业中应用胶接的金属构件越来越多。现今，胶接已广泛应用于工业、交通、国防等各个领域。

胶接与焊接相比，胶接能用于异性、复杂、微小或薄壁构件的连接以及金属与非金属构件相互连接，结构复杂的部件采用胶接可一次完成，机械加工量少，可以大幅度地降低生产费用，经济效益明显。胶接具有密封、绝缘和防腐作用。胶接重量轻、外表光洁完整。但胶黏剂易老化变脆，从而降低接头的承载能力。胶接接头具有剥离强度很低，胶接强度将随温度的增高而显著下降，抗剥落、抗弯曲、抗冲击振动的性能差，胶接质量检查困难等问题。

任务实施

解：普通螺栓连接承受横向载荷，预紧后靠两半联轴器接合面摩擦传递转矩。

① 选螺栓的性能等级为 4.8 级，则 $\sigma_s = 4 \times 8 \times 10 = 320 \text{MPa}$。

② 按两半联轴器接合面不打滑条件，计算所需要的预紧力：

$$Q_P \geqslant \frac{K_f F}{mf} = \frac{K_f T}{mf\sum_{i=1}^{z} r_i} = \frac{1.1 \times 150 \times 10^3}{0.15 \times 1 \times 6 \times 100/2} = 3667 \text{ N}$$

式中，$z=6$；接合面数 $m=1$；可靠性系数取 $K_f=1.1$；摩擦系数 $f=0.15$。

③ 计算螺栓直径：

因安装时不控制预紧力，选螺栓直径 $d<16\text{mm}$，根据表 9-7，取安全系数 $S=3.5$，其许用应力

$$[\sigma] = \sigma_s/S = 320/3.5 = 91.43 \text{MPa}$$

设计计算得 $d_1 \geqslant \sqrt{\dfrac{4 \times 1.3 Q_p}{\pi [\sigma]}} = \sqrt{\dfrac{4 \times 1.3 \times 3667}{\pi \times 91.43}} = 8.14 \text{mm}$

查表 9-2，选用 M10 的螺栓，$d_1=8.376>8.14$，在开始的估值范围内，可以采用。

思考与练习题

1. 螺纹的主要类型有哪几种？如何合理地选用？
2. 螺纹连接的种类有哪些？它们分别用在何种场合？
3. 螺纹的主要参数有哪几种？
4. 在实际应用中，绝大多数螺纹连接都要预紧，预紧的目的是什么？
5. 螺纹连接常用的防松方法有哪几种？它们防松的原理是怎么样的？
6. 受拉伸载荷作用的紧螺栓连接中，为什么总载荷不是预紧力和拉伸载荷之和？
7. 题图 9-1 中，有一气缸盖与缸体凸缘采用普通螺栓连接。已知气缸中的压力 p 在 0~2MPa 之间变化，气缸内径 $D=500\text{mm}$，螺栓分布圆直径 $D_0=650\text{mm}$。为保证气密性要求，剩余预紧力 $Q'_P=1.8F$，螺栓材料的许用拉伸应力 $[\sigma]=120\text{MPa}$，试确定螺栓的公称直径。

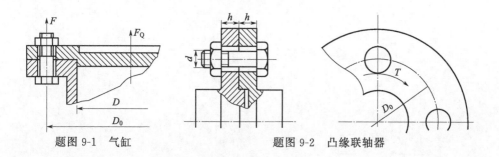

题图 9-1 气缸   题图 9-2 凸缘联轴器

8. 题图 9-2 所示为一凸缘联轴器，用 4 个普通螺栓连接，已知联轴器传递的转矩 $T=3.6\times 10^5 \text{N}\cdot\text{mm}$，螺栓均匀分布在直径 $D=180\text{mm}$ 的圆周上，试确定螺栓的直径。
9. 普通平键应用在什么场合？
10. 简述矩形花键连接的特点和适用场合？

11. 校核键的强度时，许用应力根据什么来确定？

12. 某减速器输出轴上装有联轴器，用题图 9-3 所示 A 型平键连接。已知输出轴直径为 60mm，输出转矩为 1200N·m，键的许用挤压应力为 150MPa，试校核键的强度。

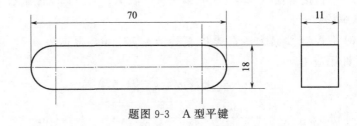

题图 9-3 A 型平键

项目十 轴的设计

学习目标

1. 熟悉轴的功用、分类与应用。
2. 掌握轴上零件的定位和固定方法。
3. 掌握轴的结构工艺性。
4. 掌握轴径的初步估算和强度校核。

任务引入

已知带式输送机传动简图如图 10-1 所示,斜齿圆柱齿轮减速器从动轴传递的功率 $P=13\mathrm{kW}$,轴的转速 $n=220\mathrm{r/min}$;从动齿轮 $z=79$,$m_\mathrm{n}=4\mathrm{mm}$,$\beta=9°59'12''$,从动齿轮轮毂宽度 $B=90\mathrm{mm}$。试设计齿轮箱中的从动轴并进行校核。

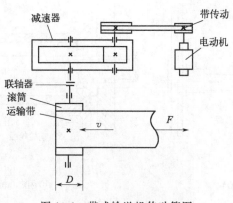

图 10-1 带式输送机传动简图

相关知识

一、轴的功用、分类和设计要求

（一）轴的功用、分类

轴是组成机器的重要零件，它主要用于支承做回转运动的零件（如带轮、齿轮、叶轮以及各种车轮等），并传递运动和动力。轴的分类方法很多，其中常用的有以下两种。

① 根据轴所起的作用和所承受的载荷，轴可分为转轴（图 10-2）、传动轴（图 10-3）和心轴（图 10-4）三种。转轴既传递转矩又承受弯矩，如齿轮减速器中的轴；传动轴只传递转矩而不承受弯矩或弯矩很小，如汽车的传动轴；心轴则只承受弯矩而不传递转矩，如铁路车辆的轴［图 10-4(a)］或自行车的前轴［图 10-4(b)］。

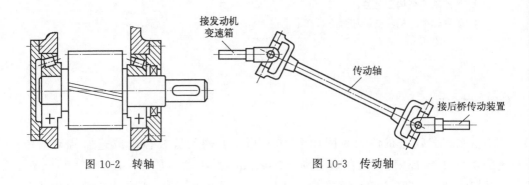

图 10-2　转轴　　　　　　　图 10-3　传动轴

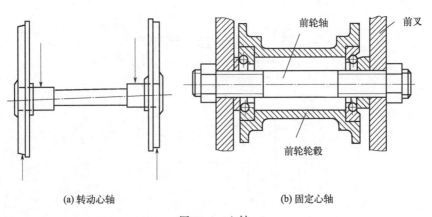

(a) 转动心轴　　　　　　　(b) 固定心轴

图 10-4　心轴

② 根据轴的结构形状，轴还可以分为直轴（图10-5）、曲轴（图10-6）和钢丝软轴（图10-7）。直轴应用最为广泛，它又可以分为光轴［图10-5(a)］和阶梯轴［图10-5(b)］。光轴上零件不便安装固定零件，故不常用。阶梯轴各截面尺寸不同，便于轴上零件安装定位，应用广泛。曲轴多应用于往复运动的机械中。钢丝软轴是由多层钢丝紧贴在一起构成的。

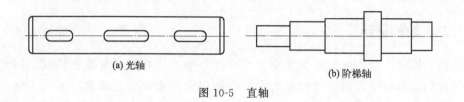

图 10-5　直轴

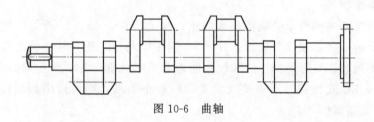

图 10-6　曲轴

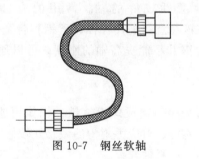

图 10-7　钢丝软轴

（二）轴的失效形式与计算准则

轴工作时产生的应力多为交变应力，且阶梯轴的截面尺寸发生突变处会产生应力集中，因此轴的失效形式主要是疲劳断裂。设计时一般应进行疲劳强度校核。瞬时过载很大、应力性质较接近于静应力的轴，可能产生塑性变形，应按最大载荷进行轴的静强度校核。对于有刚度要求的轴（如机床主轴），应进行刚度计算。对于高转速轴或载荷做周期性变化的轴，为防止共振，还要进行振动稳定性计算。

轴的设计主要包括两个方面的内容：轴的结构设计和轴的设计计算。其设计步骤如下：

① 轴的材料选择；
② 轴径的初步计算；
③ 轴的结构设计；
④ 轴的强度校核。必要时，进行轴的刚度计算或振动稳定性计算。

二、轴的材料

轴工作时产生的应力多为交变应力，使得轴的损坏常具有疲劳性质。因此，轴的材料应具有较高的抗疲劳强度、较小的应力集中敏感性和良好的加工特性。轴的材料主要为碳素钢和合金钢，根据强度、刚度、加工性能以及热处理方式来选择。

（1）碳素钢

对于较重要的轴或承受载荷较大的轴，常选用 35、45、50 等优质中碳钢，因其具有较高的强度、塑性和韧性。其中 45 钢用得最为广泛，其性价比高，具有对应力集中不敏感、良好的加工性和较高的综合力学性能。为了改善轴的力学性能，应进行正火或调质处理。不重要或承受载荷较小的轴，则可选用 Q235、Q255 或 Q275 等普通碳素钢。

（2）合金钢

合金钢具有较高的力学性能和较好的可淬性，常用于受力较大而且要求直径较小、质量较轻或要求耐磨性较好的轴。常用的有 20Cr、20CrMnTi、40Cr、35SiMn、35CrMo 等。应该注意的是，各种碳素钢和合金钢的弹性模量相差无几，因此，用合金钢代替碳素钢并不能提高轴的刚度，可以通过加大直径的方式提高刚度。

（3）球墨铸铁

对于形状复杂的轴可采用铸钢或球墨铸铁。例如用球墨铸铁制造曲轴、凸轮轴，具有成本低、吸振性能好、对应力集中的敏感性较低等优点。其缺点是冲击韧度低、铸造品质不易控制，可靠性较差。

表 10-1 所示为轴常用的材料及其主要力学性能。

▫ 表 10-1　轴常用的材料及其主要力学性能

材料及热处理	毛坯直径/mm	硬度（HBW）	抗拉强度 σ_b	屈服强度 σ_s	弯曲疲劳极限 σ_{-1}	应用说明
			/MPa			
Q235			370～500	235	200	用于不重要或载荷不大的轴

续表

材料及热处理	毛坯直径/mm	硬度(HBW)	抗拉强度 σ_b /MPa	屈服强度 σ_s /MPa	弯曲疲劳极限 σ_{-1} /MPa	应用说明
Q275	任意	190	490～610	275	240	用于不很重要的轴
35,正火	≤100	≤187	530	315	250	有好的塑性和适当的强度,可作一般的转轴
45,正火	≤100	≤241	600	355	275	用于较重要的轴,应用广泛
45,调质	≤200	217～255	650	360	300	
40Cr,调质	25		980	780	500	用于载荷较大,而无很大冲击的轴
40Cr,调质	≤100	241～286	750	550	350	
40Cr,调质	>100～300	241～269	700	550	340	
35SiMn,调质（42SiMn）	≤100	229～286	800	520	400	性能接近40Cr,用于中小型轴
35SiMn,调质（42SiMn）	>100～300	217～269	750	450	350	
40MnB,调质	25		1000	800	485	性能接近40Cr,用于重要的轴
40MnB,调质	≤200	241～286	750	500	335	
30CrMo,调质	≤100	207～269	985	835	390	用于重载荷的轴
20Cr,渗碳淬火回火	15	表面	835	540	375	用于要求强度、韧性及耐磨性均较高的轴
20Cr,渗碳淬火回火	≤60	56～62HRC	650	400	280	
QT400-15		156～197	400	300	145	多用于制造形状复杂的曲轴、凸轮轴等

轴的毛坯一般用轧制圆钢或锻件,有时也可采用铸钢或球墨铸铁。例如,采用球墨铸铁制造的曲轴、凸轮轴,具有良好的吸振性、耐磨性,对应力集中不敏感,成本低,铸造性好等优点。

三、轴径的估算方法

一般的轴在确定结构之前,轴的长度及轴承间的跨距不能确定,因此无法精确计算轴的直径。为此,需先初步估算轴的直径。由于轴所承受的转矩是已知的或可以确定的,故可按照受扭转变形时的强度条件来估算轴的最小直径,其计算公式为

$$d \geqslant \sqrt[3]{\frac{T}{0.2[\tau]}} = \sqrt[3]{\frac{9.55 \times 10^6 P}{0.2n[\tau]}} = A\sqrt[3]{\frac{P}{n}} \qquad (10-1)$$

式中　d——轴的直径，mm；
　　　T——传递的转矩，N·mm；
　　　P——传递的功率，kW；
　　　n——轴的转速，r/min；
　　　$[\tau]$——轴材料的许用切应力，MPa；
　　　A——由许用扭转切应力确定的系数，见表 10-2。

▫ 表 10-2　几种常用轴材料的 A 值

材料	Q235、20	35	45	40Cr、35SiMn 等
$[\tau]$ /MPa	12～20	20～30	30～40	40～52
A	160～135	135～118	118～107	107～98

注：当轴上的弯矩比转矩小时或只有转矩时，A 取较小值。

如果轴上有键槽，应考虑到键槽会削弱轴的强度。因此，若轴上有一个键槽，轴径应增大 5%，若有两个键槽，轴径应增大 10%，最后需将轴径圆整为标准值，见表 10-3。

▫ 表 10-3　标准直径系列（摘自 GB/T 2822—2005）

10	11.2	12.5	13.2	14	15	16	17	18	19	20	21.2
22.4	23.6	25	26.5	28	30	31.5	33.5	35.5	37.5	40	42.5
45	47.5	50	53	56	60	63	67	71	75	80	85
90	95	100	106	112	118	125	132	140	150	160	170

四、轴的结构设计

轴和旋转零件的配合部分称为轴头，轴头为圆柱形或圆锥形，但以圆柱形居多。轴和轴承配合的部分称为轴颈，轴颈直径的基本尺寸要与轴承的孔径一致。轴的直径变化所形成的阶梯处称为轴肩或轴环，对轴上零件起到轴向定位作用。轴头和轴颈的直径应圆整到标准值。

轴的结构设计就是使轴的各部分具有合理的形状和尺寸。具体包括：轴应便于加工，轴上零件要易于装拆；轴和轴上零件应具有准确的工作位置；轴上零件在轴上应可靠地固定；使轴的受力合理，具有较小的应力集中，有利于提高强度、刚度。典型的轴系结构如图 10-8 所示。

（一）制造安装要求

为了便于零件的装拆，装拆零件所经过的各段轴的直径都要小于零件的孔径。因此，轴的直径一般是从两端向中间逐段增大形成阶梯轴。如图 10-8 所示，按轴

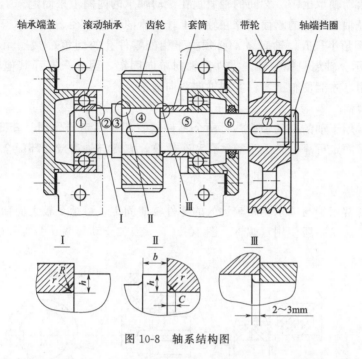

图 10-8 轴系结构图

端挡圈、带轮、轴承端盖、滚动轴承、套筒、齿轮的顺序从轴的右端装拆，滚动轴承和轴承端盖从左侧装拆。为了便于拆装齿轮，轴段④的直径应比轴段⑤略大；为了方便滚动轴承的拆装，轴段⑤的直径应比轴段⑥略大。为了便于装配，轴端应加工出 45°（或 30°、60°）倒角，过盈配合零件装入端常加工出导向锥面。

在满足使用要求的情况下，轴的形状和尺寸应尽可能简单，便于加工。需要磨削的轴段应留出砂轮越程槽；需要车螺纹的部分应有退刀槽；轴上有多个键槽时，键槽应布置在同一母线上（图 10-8 中轴段④和⑦）。

（二）轴上零件的定位和固定

1. 轴上零件的轴向定位

轴向定位方式主要是轴肩和套筒定位。在图 10-8 中，③、④间的轴肩使齿轮在轴上定位，⑥、⑦间的轴肩使带轮定位，①、②间的轴肩使左端滚动轴承定位。

2. 轴上零件的轴向固定

轴上零件的轴向固定方法有很多种，常用的轴向固定有轴肩、套筒、圆螺母、轴端挡圈和圆锥面等。

（1）轴肩和轴环

轴肩和轴环固定是一种简单可靠的轴向固定方法，应优先采用。它可以承受较大的轴向载荷。如在图 10-8 中，齿轮受轴向力时，向左是通过③、④间的轴肩固定；左侧滚动轴承由①、②间的轴肩顶在滚动轴承的内圈上来固定。

为保证轴上零件的断面紧靠在轴肩上，轴肩的圆角半径 r 必须小于相配零件的倒角 C 或圆角半径 R，轴肩高 h 必须大于相配零件孔的倒角 C 或圆角半径 R，如图 10-8 所示。轴肩只能使轴上零件沿轴向单向固定，因此只有和其他轴向固定方法联合使用，才能使轴上零件实现轴向双向固定。

(2) 套筒

套筒常用于轴的中间轴段，对两个零件起着相对固定的作用。套筒结构简单、装卸方便、固定可靠，轴上不需钻孔和车螺纹，它常与轴肩或轴环配合使用，使零件双向固定。

(3) 圆螺母

圆螺母常用于与轴承相距较远处的零件轴向固定，可承受较大的轴向力，装拆方便。为了防松一般使用双螺母［图 10-9(a)］或加止动垫圈［图 10-9(b)］。

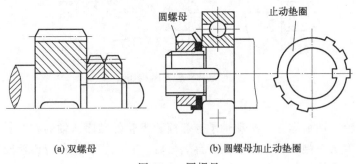

(a) 双螺母　　　　　　(b) 圆螺母加止动垫圈

图 10-9　圆螺母

(4) 轴端挡圈

位于轴端上零件的轴向固定常用轴端挡圈（见图 10-8）。当采用套筒、圆螺母、轴端挡圈做轴向固定时，为使套筒、圆螺母、轴端挡圈靠近零件断面，设计时应使装零件的轴段长度比零件轮毂长度略短。此外，当轴向力很小时，也可使用弹性挡圈和紧定螺钉进行轴向固定。

3. 轴上零件的周向固定

为了使轴上零件和轴一起转动并可靠地传递转矩，轴上零件与轴之间必须做周向固定。目前周向固定的方法有许多，其中最常用的方法是采用键连接。当载荷较大时，可采用双键或花键连接；当载荷不大时，可采用销钉或紧定螺钉（图 10-10）；当要求轴与零件对中性好，且承载能力高时，可采用轴与零件毂孔间的过盈配合来实现周向固定。

(三) 提高轴的强度的措施

疲劳断裂是轴的主要失效形式，在设计时应在结构方面采取措施，减小受力、

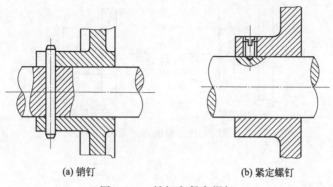

(a) 销钉　　　　　　　　　(b) 紧定螺钉

图 10-10　销钉和紧定螺钉

应力，以提高轴的疲劳强度。

1. 合理布置轴上传动零件的位置

根据工作条件，合理布置轴上的主要零件，如齿轮、带轮等传动零件，以减小对轴的载荷。为了减小轴所承受的弯矩，传动零件（如齿轮、带轮等）应尽可能靠近轴承，并尽可能不采用悬臂的支承形式，力求缩短支承跨距及悬臂长度等；另外，为了减小轴所承受的转矩，原动件应布置在几个从动件之间。如图 10-11 所示，按图(a) 布置时，轴所受的最大转矩为 $T_2+T_3+T_4$，若改为图(b) 布置，轴所受的最大转矩为 T_3+T_4。

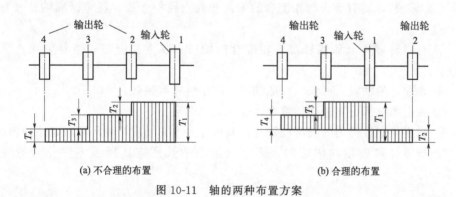

(a) 不合理的布置　　　　　　　　　(b) 合理的布置

图 10-11　轴的两种布置方案

2. 合理设计轴上零件的结构

改进轴上零件的结构也可以减小轴上的载荷。图 10-12 所示两种结构中，图(b) 方案（双联）优于图(a) 方案（分装），因为图(a) 方案中轴既受弯矩又受转矩，而图(b) 方案中的轴只受转矩。

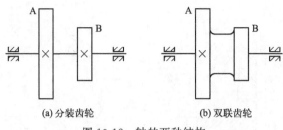

(a) 分装齿轮　　　　　　(b) 双联齿轮

图 10-12　轴的两种结构

3. 减小应力集中

进行结构设计时，应尽量减小应力集中。零件界面发生突然变化的地方，都会产生应力集中现象。因此，对于阶梯轴，阶梯的变化应尽量小，避免相邻轴径相差太大，可适当提高过渡圆角 r，或用凹切圆角、隔离环，从而增大轴肩圆角，以减小局部应力集中。

（四）轴的各段直径和长度的确定

轴的各段直径和长度应根据以下几个关键结构来确定。

① 与滚动轴承相配合的轴段（参见图 10-8 中的①、⑤轴段），其直径必须符合滚动轴承的内径标准，其长度一般等于轴承宽度。

② 与一般回转零件（如齿轮、带轮和凸轮等）相配合的轴段（参见图 10-8 中的④、⑦轴段），其直径应与相配合的零件毂孔直径相一致，且为标准轴径（参见表 10-3）。

③ 与回转零件（如联轴器）相配合的轴段，其直径应与联轴器轴孔直径相一致。

④ 非配合的轴段，可取非标准轴径，但尽可能取整数。

⑤ 轴上螺纹部分直径必须符合相应的国家标准。

⑥ 起零件定位作用的轴肩或轴环，其尺寸大小见轴肩与轴环轴向定位的内容。

⑦ 当零件需要轴向固定时，则该处轴段的长度应比所装零件轮毂宽度小 1～3mm。

五、轴的工作能力计算

根据轴所受的载荷不同，传动轴需要按扭转强度条件计算，转轴在初估直径、进行结构设计后按弯扭合成强度条件计算（当转矩为零时即为心轴的强度计算条件）。对于瞬时载荷很大的轴，应按最大载荷进行静强度校核计算，以避免轴在最大载荷下产生过量的塑性变形。对于弹性变形量过大的轴应进行刚度计算，对于转速较高的轴还应进行振动稳定性计算。按扭转变形强度条件计算我们已经在前面介绍过了，下面只介绍按弯扭合成强度条件计算的方法。

对于一般钢制的轴，同时承受弯矩和转矩，可采用第三强度理论求出危险界面的当量应力 σ_b，其强度条件是

$$\sigma_e = \sqrt{\sigma_b^2 + 4\tau^2} \leqslant [\sigma_b]_{-1} \tag{10-2}$$

式中 σ_b——截面上的弯矩 M 产生的弯曲应力，$\sigma_b = \dfrac{M}{W}$，MPa；

τ——截面上的转矩 T 产生的扭转切应力，$\tau = \dfrac{T}{W_T}$，MPa。

由于一般回转轴的弯曲应力 σ_b 为对称循环应力，而切应力 τ 的循环特征可能与之不同，考虑两者的循环特征的不同，引入校正系数 α，且对于直径为 d 的圆轴，$W_T = 2W \approx 0.2d^3$，则上式可整理为

$$\sigma_e = \sqrt{\sigma_b^2 + 4\tau^2} = \sqrt{\left(\frac{M}{W}\right)^2 + 4\left(\frac{\alpha T}{2W}\right)^2} = \frac{\sqrt{M^2 + (\alpha T)^2}}{W} \approx \frac{\sqrt{M^2 + (\alpha T)^2}}{0.1d^3} \leqslant [\sigma_b]_{-1} \tag{10-3}$$

式中 α——根据切应力 τ 性质而定的折合系数（对于转矩不变的轴，$\alpha = \dfrac{[\sigma_b]_{-1}}{[\sigma_b]_{+1}} \approx 0.3$；当转矩为脉动应力或变化规律不清楚时，$\alpha = \dfrac{[\sigma_b]_{-1}}{[\sigma_b]_0} \approx 0.6$；对于频繁正反转的轴，$\tau$ 可视作对称循环应力，$\alpha = 1$）；

$[\sigma_b]_{+1}$、$[\sigma_b]_0$、$[\sigma_b]_{-1}$——静应力、脉动循环及对称循环下的许用弯曲应力，见表 10-4。

表 10-4 轴的许用弯曲应力　　　　　　　　　　　　　　　　　　　　MPa

材料	σ_b	$[\sigma_b]_{+1}$	$[\sigma_b]_0$	$[\sigma_b]_{-1}$
碳钢	400	130	70	40
	500	170	75	45
	600	200	95	55
	700	230	110	65
合金钢	800	270	130	75
	900	300	140	80
	1000	330	150	90
铸钢	400	100	50	30
	500	120	70	40

综上所述，按扭转和弯曲组合变形强度条件进行计算的步骤如下：

① 作轴的空间受力简图；

② 求水平面内支承反力 R_{H1}、R_{H2}，作水平面内弯矩图；

③ 求垂直平面内支承反力 R_{V1}、R_{V2}，作垂直平面内的弯矩图；

④ 作合成弯矩图，$M=\sqrt{M_H^2+M_V^2}$；

⑤ 计算转矩 T，作转矩图；

⑥ 计算危险截面上当量弯矩 M_e，$M_e=\sqrt{M^2+(\alpha T)^2}$。危险截面上的轴径 d，其计算式为

$$d \geqslant \sqrt[3]{\frac{M_e}{0.1[\sigma_b]_{-1}}} \quad (\text{mm}) \tag{10-4}$$

另外，也需要考虑键槽对轴强度削弱的影响，按式(10-4)求得的直径应增大 5%，单键槽时取较小值，双键槽时取较大值。若初定轴的直径较小，不能满足强度要求，则需要修改结构设计，直到满足强度要求；若初定轴的直径较大，一般先不修改结构设计，通常是在计算完轴承后再综合考虑是否修改设计。对于一般用途的轴，按照上述方法进行计算即可；但对于重要的轴，其强度计算应按疲劳强度和其他方法进行计算。

任务实施

根据轴的一般设计顺序，即可设计该任务中的从动轴。实施过程如下：

(1) 选轴的材料

轴材料选用 45 钢，正火处理，经查表 10-1 得 $\sigma_b=600\text{MPa}$，查表 10-4 得 $[\sigma_b]_{-1}=55\text{MPa}$。

(2) 估算轴的最小直径

查表 10-2 取 $A=115$，根据式(10-1) 得

$$d \geqslant A\sqrt[3]{\frac{P}{n}}=115\sqrt[3]{\frac{13}{220}}=44.8\text{mm}$$

(3) 确定安装带轮的轴径

因轴上有一个键槽，其轴径应增大 5% 后再圆整，轴径取 48mm。

(4) 确定各段的轴径

从最小轴径开始，根据定位轴肩的规范查取，工艺轴肩取 1~3mm、轴颈尺寸取滚动轴承内圈尺寸，依次确定各轴段的直径。从轴段 $d_1=48\text{mm}$ 开始，逐段选取相邻轴段的直径，如图 10-13 所示，d_2 起定位作用，定位轴肩高度 $h_{\min}$ 可在 $(0.07\sim0.1)d_1$ 范围内选取，故 $d_2=d_1+2h=53.76\text{mm}$，圆整后取 $d_2=54\text{mm}$；右轴颈直径按滚动轴承的标准取 $d_3=55\text{mm}$；装齿轮的轴头直径取 $d_4=60\text{mm}$；轴环高度 $h_{\min}\geqslant(0.07\sim0.1)d_4$，取 $h=4\text{mm}$，故直径 $d_5=68\text{mm}$，宽度

$b ≈ 1.4h = 5.6$mm，取 $b = 7$mm；左轴颈直径 d_7 与右轴颈直径 d_3 相同，即 $d_7 = d_3 = 55$mm；考虑到轴承的装拆，左轴颈与轴环间的轴段直径 $d_6 = 64$mm。

(5) 确定轴承型号和尺寸

斜齿轮在工作中会产生轴向力，故两端采用角接触球轴承，根据轴承直径系列，初选 7207C 型滚动轴承，其宽度 $B = 21$mm、外径 $D = 100$mm。

(6) 确定各轴段长度

各轴段的长度根据国家标准逐一确定。与传动零件（如齿轮、带轮、联轴器等）相配合的轴段长度，一般略小于传动零件的轮毂宽度。根据齿轮宽度为 90mm，取轴头长为 88mm，以保证套筒与轮毂端面贴紧；7207C 轴承宽度由手册查得为 21mm，故左轴颈长亦取 21mm；为使齿轮端面、轴承端面与箱体内壁均保持一定距离（图中分别取为 18mm 和 5mm），取套筒宽为 23mm；轴在轴承外侧与联轴器之间的部分的长度，根据箱体结构取 52mm；轴外伸端长度根据联轴器尺寸取 70mm。可得出两轴承的跨距为 $L = 157$mm。

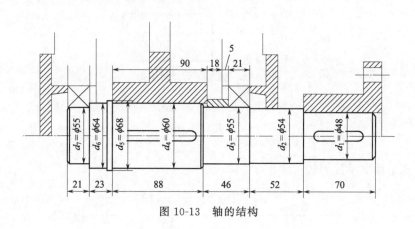

图 10-13 轴的结构

(7) 按弯扭组合校核轴的强度

① 计算齿轮受力：

转矩： $T = 9550 \dfrac{P}{n_2} = 9550 \times \dfrac{13}{220} = 564$N·m

齿轮圆周力： $F_t = \dfrac{2000T}{d_2} = \dfrac{2000 \times 564}{269.1} = 4192$N

齿轮径向力： $F_r = F_t \dfrac{\tan\alpha_n}{\cos\beta} = 4192 \dfrac{\tan 20°}{\cos 9°59'12''} = 1557$N

齿轮轴向力： $F_a = F_t \tan\beta = 4192 \tan 9°59'12'' = 739$N

② 绘制轴的受力简图，如图 10-14(a) 所示。

③ 计算支承反力，如图 10-14(b)、(c) 所示。

水平平面支承反力为

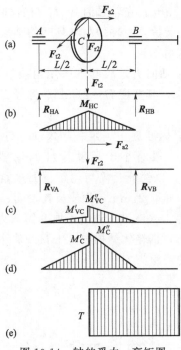

图 10-14 轴的受力、弯矩图

$$R_{HA}=R_{HB}=\frac{F_t}{2}=\frac{4192}{2}=2096\text{N}$$

垂直平面支承反力为

$$R_{VA}=\frac{F_r\frac{L}{2}-F_a d_2}{L}=\frac{1557\times\frac{157}{2}-739\times\frac{269.1}{2}}{157}=145\text{N}$$

$$R_{VB}=F_r-R_{VA}=1557-145=1412\text{N}$$

④ 绘制弯矩图：

水平平面弯矩图，如图 10-14(b) 所示。C 截面处的弯矩为

$$M_{HC}=R_{HA}\times\frac{L}{2}=2096\times\frac{0.157}{2}=164.5\text{N}\cdot\text{m}$$

垂直平面弯矩图如图 10-14(c) 所示。C 截面偏左处的弯矩为

$$M'_{VC}=R_{VA}\times\frac{L}{2}=145\times\frac{0.157}{2}=11\text{N}\cdot\text{m}$$

C 截面偏右处的弯矩为

$$M''_{VC}=R_{VB}\times\frac{L}{2}=1412\times\frac{0.157}{2}=110.8\text{N}\cdot\text{m}$$

做合成弯矩图如图 10-14(d) 所示。C 截面偏左的合成弯矩为

$$M'_C=\sqrt{M_{HC}^2+M'^2_{VC}}=\sqrt{164.5^2+110.8^2}=165\text{N}\cdot\text{m}$$

C 截面偏右的合成弯矩为

$$M''_C = \sqrt{M^2_{HC} + M''^2_{VC}} = \sqrt{164.5^2 + 110.8^2} = 198 \text{N} \cdot \text{m}$$

⑤ 做转矩图如图 10-14(e) 所示。

$$T = 564 \text{N} \cdot \text{m}$$

⑥ 校核轴的强度：轴在截面 C 处所受的弯矩和转矩最大，故 C 为轴的危险截面，校核该截面直径。因是单向传动，转矩可认为按脉动循环变化，故取 $\alpha = 0.6$，危险截面的最大当量弯矩为

$$M_e = \sqrt{M''^2_e + (\alpha T)^2} = \sqrt{198^2 + (0.6 \times 564)^2} = 392 \text{N} \cdot \text{m}$$

轴危险截面所需的直径为

$$d_c \geq \sqrt[3]{\frac{M_e}{0.1[\sigma_b]_{-1}}} = \sqrt[3]{\frac{392 \times 10^3}{0.1 \times 55}} = 41.5 \text{mm}$$

考虑到该截面上开有键槽，故将轴径增大 5%，即 $d_c = 41.5 \times 1.05 = 43.6 \text{mm} < 55 \text{mm}$。

结论：该轴强度足够，所选轴承和键连接等经计算后确认寿命和强度均能满足要求，则该轴的结构无须修改。

思考与练习题

1. 轴按功用与所受载荷的不同分为哪三种？
2. 轴的结构设计应从哪几个方面考虑？
3. 制造轴的常用材料有几种？若轴的刚度不够，是否可采用高强度合金钢提高轴的刚度？请说明理由。
4. 在齿轮减速器中，为什么低速轴的直径要比高速轴的直径大得多？
5. 常用的提高轴的强度和刚度的措施有哪些？
6. 题图 10-1 所示为减速器输出轴，其中齿轮用油润滑，轴承用脂润滑。指出其中的结构错误，并说明原因。

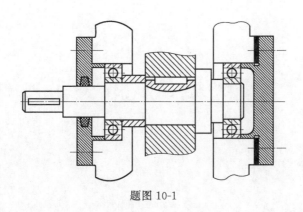

题图 10-1

参考文献

[1] 濮良贵. 机械设计. 10版. 北京：高等教育出版社，2019.
[2] 卢书荣. 机械设计基础. 西安：西北工业大学出版社，2016.
[3] 柴鹏飞，万丽雯. 机械设计基础. 北京：机械工业出版社，2023.
[4] 郭润兰. 机械设计基础. 北京：清华大学出版社，2023.
[5] 刘艳秋，胡建忠，等. 机械设计基础. 2版. 北京：清华大学出版社，2023.
[6] 李文平，张永娟，周玉丰. 机械设计基础. 北京：机械工业出版社，2023.
[7] 闵小琪，陶松桥. 机械设计基础. 北京：机械工业出版社，2023.
[8] 孙恒，葛文杰. 机械原理. 9版. 北京：高等教育出版社，2021.
[9] 王喆，刘美华. 机械设计基础. 北京：机械工业出版社，2023.
[10] 陈立德，机械设计基础. 2版. 北京：高等教育出版社，2008.